science・i

ロボット解体新書

ゼロからわかるAI時代のロボットのしくみと活用

神崎洋治

SB Creative

はじめに

2015年1月に政府が打ち出した「ロボット新戦略」では、2020年のロボット市場を、現状の6,000億円規模から2兆4,000億円へと成長させることが目標とされています。また、これに先駆けて経済産業省が2013年7月に公表した「ロボット産業市場動向調査結果」によると、ロボット市場は2025年に5.3兆円、2035年には9.7兆円に拡大すると予測していて、伸びが著しいロボットの分野は工場などの自動化がすでに進んでいる産業用ロボットに加えて、サービス分野でもロボット活用の飛躍が有望視されています。

それはすなわち、社会生活においてどんな人にといってもロボットが今よりずっと身近になり、さまざまな場所でロボットと触れあい、会話し、助けられる時代がやってくることを意味しています。

「ロボットの3要素」といわれる能力（技術）は、（1）見る／聞く／感じる（センサー）、（2）考える（知能・制御）、（3）動く（駆動・構造）の3つです。

このうちの2つ、感じる（センサー技術）と考える（ネットワーククラウドとAI関連技術）が大きく進化し、ロボットの普及を後押ししようとしています。もちろん駆動・構造系も着実に進化しています。

では、身近になるであろうロボットのことをわたしたちはどれくらい知っているでしょうか？ ロボットがどのように見て聞いて感じているのか、どのように考えているのか、そしてどのようなしくみで動いているのか、あまり知られていないのが実状ではないでしょうか。また、現在どのようなロボットが発売されていて、今後どのように社会に浸透していくのでしょうか。

いま本格的に始まろうとしている「AI×ロボット」が普及する時代に向けて、それらすべてを網羅した本が作りたいと思い、執筆に挑みました。

「解体新書」は日本で初めての本格的な翻訳書であり、西洋医学が伝えられた書物として知られています。この「ロボット解体新書」が皆さんにとってロボットへの興味を開き、ロボティクスの現状と近い未来を知るための初めての本として、末永く愛されることを願っています。

神崎洋治

ロボット解体新書

ゼロからわかるAI時代のロボットのしくみと活用

CONTENTS

CONTENTS

第1章

ロボットの定義と種類

1.1 ロボットとは何か?

ロボットと聞いて思い描くイメージは人それぞれですが、実際のところ「ロボットとは何か?」という問いに答えられる定義は明確ではありません。

まずはカタチから見てみましょう。ロボットと聞くと多くの人は、2本の腕を持ち、2足歩行するヒト型のヒューマノイドを思い起こすでしょう。ブリキの玩具を思い出したり、映画「ターミネーター」でアーノルド・シュワルツェネッガーが演じた「サイバーダインシステム・モデル101」かもしれません。ヒューマノイドといっても一様ではありません。いま日本で最も有名なロボットのひとつ「Pepper(ペッパー)」はヒト型ですが、脚はオムニボールというボールで駆動する方式で、2足歩行がロボットの定義というわけではありません。

産業用ロボットの「ロボットアーム」は人間の腕に模したものですが、ヒト型ではありませんし、ロボットのひとつとして、最近とくに注目されている「ドローン」はヒトとはかけ離れた形状で生物的でもありません。すでに実用化がはじまっている構内を移動する警備(監視)ロ

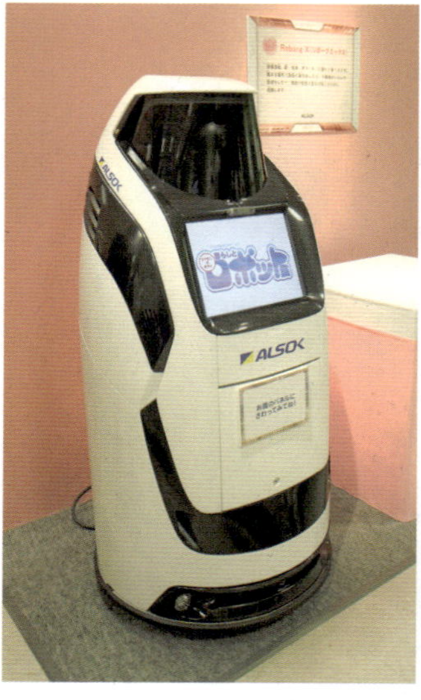

図1-1 ALSOKの警備ロボット。自律的にルートを周回して警備をおこなう。

ボットもヒトには似ていませんが、すべて「ロボット」です。

ロボットを構造の観点から、「センサー」「知能・制御系」「駆動系」の3つの要素技術を持った機械と定義しているところもありますが、デジタルカメラや一部のスマートフォンなど、ロボットとは感じにくい多くの電子デバイスも該当するため、これも適しているようには思えません。

次に「ロボットの語源」から見てみましょう。Robotの語源はチェコ語の「強制的な労働」を意味するrobotaといわれています。そのためロボットの本質は「人間の代わりに働く機械」という説もあります。そうなると次に「自律的に動作するもの」に限るのか、「操縦するもの」も含めるのかという議論があります。たとえば、自律的に動作するドローンはロボットだとしても、遠隔操縦するドローンもロボットと呼べるのか? さらに、もし、ヒトが乗れるとしたらそれはロボットではなくヘリコプターじゃないのか? ヒトが乗って操縦していたらヘリコプターだが、ヒトが乗っても操縦はコンピュータが自律的に行なっていたらそれはドローン（ロボット）だ、といった議論です。

アニメーションの世界でロボットの代表として印象に残っているガンダムやマジンガーZは人間が乗って操縦しています。ヒト

図1-2　未来的なロボットというと、映画やアニメで見られるように、どことなくヒト型で高い知能をもったキャラクターが多い。（写真は新宿タカシマヤ「暮らしとロボット展」の様子）

が乗って操縦しているのはロボットではないとすると、これらもロボットではなくなってしまいます。ラジコンカーやラジコンヘリはロボットなのか、ラジコンヘリとドローンはどこが違うのか等、議論をはじめるとキリがなく、定義を曖昧にしておくこともひとつの措置なのかもしれません。

1.2　ロボットの種類

アニメや映画の世界から離れて、現実的なロボットの話に戻すと、現在、ロボットは大きく2つに大別されます。1つは前述した工場などの生産ラインですでに活躍している「**産業用ロボット**」です。もう1つが「そうでないもの」、すなわち「産業用ロボットでないもの」で、これを「**サービスロボット**」と呼びます。

経済産業省が発表している「ロボット新戦略」ではロボット革命の実現によって、世界のロボットイノベーションの拠点になり、世界一のロボット利活用社会を形成し、世界をリードするロボット新時代の戦略を構築することが重要とされています。

なぜ、政府はこれほどまでにロボットを重要視しているのでしょうか。世界的な産業や技術を育成することは重要ですが、日本はさらに少子高齢化が進み、高齢者をケアする技術を擁立することが急務になっていることに加えて、労働者不足が懸念されていて、それらの課題に対して総合的な対策の1つとしてサービスロボットの活用が挙げられているためです。

ただ、サービスロボットといってもさまざまな形状、用途のものがあります。たとえば、家庭用ロボットで最も普及しているといわれているのは「ルンバ」などの自動掃除機です。ルンバがなぜロボットに分類されるのかというと、メーカーのアイロボット社が地雷探査ロボットなどの本格的なロボットを開発してきたことや、ルンバが部屋のカタチをスキャンして自律的にルートを決めて動作することなどがあげられます。その他にも、身体に装着する「ロボットスーツ」、PepperやSotaなどヒト型の「コミュニケーションロボット」などもすべてサービスロボットに含まれます。

図1-3　ロボット掃除機として知られるようになったアイロボット社のルンバ

1.3 産業用ロボット

世代の違いはあっても、ロボットというと「鉄腕アトム」や「鉄人28号」、「サイボーグ009」、「ロボコン」、「ガンダム」、「ドラえもん」など、アニメや特撮の世界で活躍するヒト型のものを想像することが多いことでしょう。前述のように、「ロボット」というものに、実は万人が納得するような明確な定義はありません。

しかし、実際に社会で活躍しているロボットは産業用ロボットがほとんど。工場の生産ラインや検査・監視・検品などに利用されています。製造分野で使用されているロボットには精密で高速な作業が求められ、故障せずに繰り返し、長時間動作することも大切です。

よく知られている海外メーカーにはドイツの「KUKA」(クーカ)やスイスの「ABB」(エービービー)があります。一方で、信頼性が高く、性能的にも優れた製品が評価される産業用ロボット分野では、多くの日本企業が支持されていて、世界的にも大きなシェアを持っています。安川電機、不二越、ファナック、川崎重工業、ヤマハ発動機、パナソニック、三菱重工などがあげられます。

下記の表は国際ロボット連盟(IFR)が発表しているもので、国と地域別の産業用ロボット稼動台数です。2000年では日本が圧倒的なシェアを獲得し、「ロボット大国」と呼ばれていました。しかし最近は、米国、ドイツ、中国、韓国などに猛追されています。

産業用ロボットの代表的な形状にはロボットアーム型がありますが、「マニュピレータ」(マニュピュレーティングロボット)とも呼ばれます。

表1-1 世界の産業用ロボット稼動台数(国際ロボット連盟(2014)「世界の産業用ロボット稼動台数」より抜粋)

	2014年末	2010年末	2005年末	2000年末
日本	295,829	307,698	373,481	389,442
中国	189358	52290	11557	930
インド	11,760	4,855	1,069	70
マレーシア	5730	3677	1695	390
韓国	176,833	101,080	61,576	37,988
シンガポール	7454	3685	5463	5370
台湾	43,484	26,896	15,464	6,942
タイ	23893	9635	2472	
オーストラリア／ニュージーランド	8,791	7,066	4,938	2,833
米国	219434	149836	85476	89880
カナダ	8,180	15,760	7,596	
メキシコ	9277	7578	2948	
ブラジル	9,557	5,721	2,672	1,230
チェコ	9543	4462	1971	915
フランス	32,233	34,495	30,236	20,674
ドイツ	175768	148256	126294	91184
ハンガリー	4,302	1,406	458	261
イタリア	59823	62378	56198	39238
ポーランド	6,401	3,321	846	474
ロシア	2694	1058	173	5000
スロバキア	3,891	1,870	576	500
スロベニア	1819	1032	460	363
スペイン	27,983	28,868	24,141	13,163
英国	16935	13519	14948	12344
南アフリカ	3,452	2,074	622	90
合計	1,480,778	1,059,162	917,874	750,729

1.4　産業用ロボットアームと自由度

産業用ロボットの代表的な形状はロボットアーム型（マニュピレータ）です。人間の腕を模したものが多いのは、人間の生産作業を代替するのにイメージしやすいためかもしれません。一方で腕の先、手や指は人間のようなものではなく、用途によってまちまちです。塗装ロボットならスプレーガン、溶接ロボットなら溶接機構がついていたり、検品ロボットなら不良品をつまみ上げたり、押し出して生産ラインからはずす構造になっていたりします。

高性能なロボットアームは、高速で正確に動作できるものが多い反面、高速で動く分だけ周囲に人がいるとぶつかったり、関節に人間の手が挟まれたり、危険がともなう場合があります。そのため、ロボットアームの周囲には柵で囲いを作って人が近づけないようにするなどの工夫がされているケースをみかけます。産業用ロボットの多くは、以前は安全柵で囲むことが義務づけられていましたが、今は法律が改正され、人と一緒に働く「協働」が重視される時代になり、人が近付いたり行き来しても安全なロボットの実現が求められています。

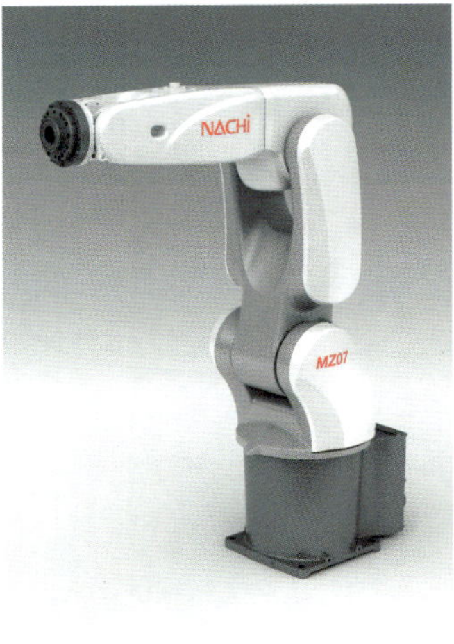

図1-4　世界最速級、軽量コンパクトロボットアーム、不二越の「MZ07」

ロボットの性能をみる際に「**自由度**」という言葉がよく使われます。ロボットの自由度とは関節にあたる部分がどの程度動かせるかを表わす尺度のことです。

人間の腕は「7自由度」といわれています。肩の関節を使って、腕を前後に振る(1)、脇を上げて広げる(2)、上腕(二の腕)を捻る(3)、肘の曲げ伸ばし(4)、前腕を捻る(5)、手首を内側に曲げる(6)、手首を縦横に動かす(7)、の7つです。

ロボットアームは人間の腕を模してはいるものの、関節の動きは必ずしも人間の腕と同じではありません。関節のことを「軸」と呼び、一般にその関節がどのように動くかによって6つの呼び方があります。

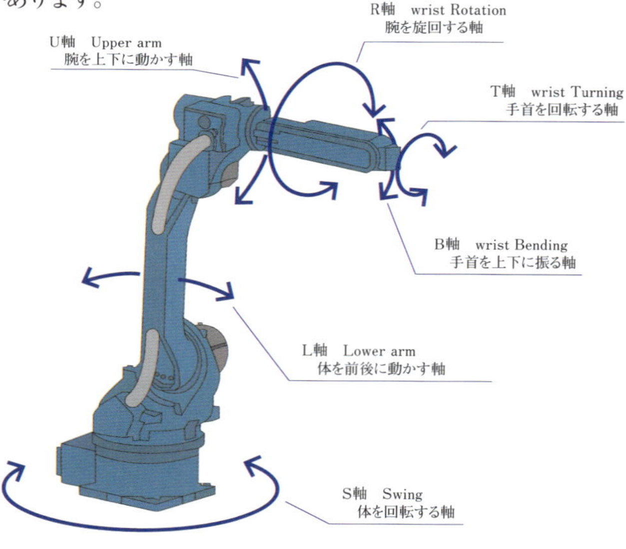

図1-5　ロボットの自由度（参考：安川電機 http://www.yaskawa.co.jp）

1.5　ロボットスーツ

「ロボットスーツ」は着るロボットとも呼ばれ、人間に装着して使います。たとえば、建設現場など、重作業労働にあたる作業者が腰に装着した場合、作業者は重量物の重さを感じるものの、ロボットスーツの介添えによって重量物を安全で自然な作業動作で持ち上げたり、運ぶことができます。作業者の腰にかかる負担を軽減することができるほか、作業現場の人員不足に対して、比較的高齢な作業者や女性の参画も促すことができるのではないかと期待されています。

同様に病院で患者をケアしたり、高齢者施設で利用者をケアする介護士も、腰痛の悩みや人材不足の課題を抱えています。なお、怪我から回復した人や高齢者、障害者が自身に装着することでリハビリを助けたり、自律歩行を支援するロボットスーツもあります。

ロボットスーツの代表的なものが、サイバーダイン社が開発している「HAL」(ハル)です。医療用、福祉用、重作業用などがあり、「サイバニック随意制御」という技術が使われています。これは、人が体を動かそうとする意思が、神経系指令信号として微弱なイオン電流で、脳、脊髄、運動神経、筋肉へと伝達され、最

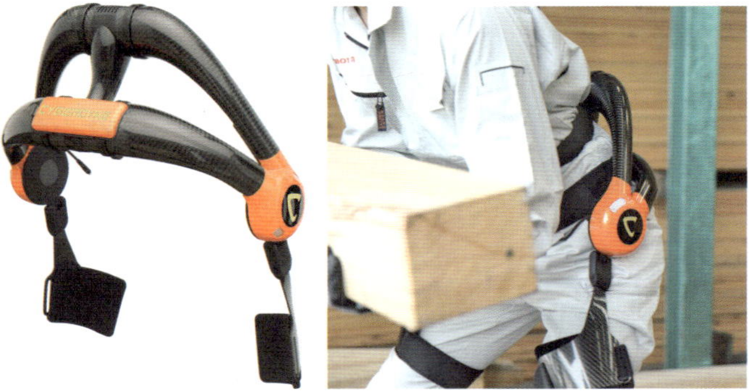

図1-6　サイバーダイン社のロボットスーツ「HAL 作業支援用(腰タイプ)」

終的に筋骨格系が動くことに着目したものです。その際に発生する微弱な生体電位信号をセンサーを使って皮膚表面で検出し、装着者が身体を動かしたい意思に応じてロボットスーツが駆動して支援するチカラが発生するしくみです。この分野は「サイバニクス」と呼ばれ、サイバーダイン株式会社の創業者兼CEO、筑波大学教授の山海嘉之氏が確立した、脳神経科学・運動生理学・ロボット工学・IT技術・再生医療・行動科学・倫理・安全・心理学・社会科学など、人・ロボット・情報系が融合・複合した新学術分野となっています。

1.6　コミュニケーションロボット

コミュニケーションロボットは会話などによって人とコミュニケーションがとれるロボットです。最も知られているのはソフトバンクロボティクスの「Pepper」(ペッパー)でしょう。コミュニケーションロボットとしては現在最も大きいクラスで身長約120cmです。

小さいモノでは、シャープの「ロボホン」(RoBoHoN)が知られています。同社はロボホンを携帯電話として訴求したいようですが、携帯電話として使用するよりもパーソナルエージェントロボットとして活用する方が自然で、未来的です。ロボットクリエイターの高橋智隆氏を起用し、作りがしっかりしていることからロボット業界内でもとても評価が高い製品です。

金額的に安いものでは、タカラトミーの「オハナス」(OHaNAS)があります。ロボット玩具の位置づけですが、会話にはNTTドコモとの共同開発による「自然対話エンジン」が搭載されています。会話はすべてネットワーク上のクラウドで本格的に処理されます。スマートフォンではおなじみの「しゃべってコンシェル」で利用されている言語解析技術にもとづき、自然な対話を実現することができます。

全体的なコミュニケーションロボットに言えることですが、会話できるといっても人間と同様に世間話が流ちょうにできるものはまだ存在せず、技術的には「人が問いかけた一定の言葉を理解して、それに応じた何かのリアクションを起こす」というものです。iPhoneのパーソナルアシスタント「Siri」（シリ）や、Androidスマートフォンの Google音声検索（OK!Google）を使ったことがある人は多いと思いますが、ユーザーの質問や命令にロボットが発話や動作で返します。過度な期待はできませんが、適所で活用することでロボットならではの効果が期待できます。

図1-8　ソフトバンクロボティクスの「Pepper」。2014年6月、ソフトバンクグループ株式会社代表取締役社長の孫正義氏によって初めてお披露目された。

図1-9　シャープの「ロボホン」（RoBoHoN）Android OSを搭載し、スマホの機能やプロジェクタ機能を持った小型ロボット。

図1-10 タカラトミーの「オハナス」（OHaNAS）
NTTドコモの会話技術「しゃべってコンシェル」機能を搭載して話題に。動作モーターは搭載していない。

第2章

ロボットの活用

2.1 人間みたいなロボット「Pepper」

2014年6月5日、当時のソフトバンクモバイルが“世界初”をうたい、人間の感情を認識できるパーソナルロボットを発表しました。それが「Pepper」(ペッパー)です。

発表会の冒頭、ソフトバンクグループの代表取締役社長の孫正義氏がステージに登壇しました。手には赤く光るハートを持っています。それをPepperに手渡すと、Pepperの胸に装備されたタブレットに赤く光るハートが移動し、Pepperの身体の中でハートが光を放ちはじめました。これは人型ロボットにハート(気持ち:感情)を与えた瞬間をイメージしたものです。このときはまだ、Pepper自身は感情を持ったロボットではありませんでしたが、約1年後の2015年6月、Pepperの一般発売開始の記者発表会で、「感情生成エンジン」を装備することで、Pepper自身も感情を持つことが発表されました。すなわち、Pepperは人間のように感情

図2-1 ソフトバンクグループの孫正義氏とPepper。2014年6月5日の発表会で、ソフトバンクの孫正義氏から"Pepperは世界初の感情認識パーソナルロボット"として紹介された。

を持ち、ヒトの感情を認識するロボットとして市場に投入されたのです。

Pepperの本体価格は19万8千円。この他に月額料金や保険代などで120万円を超える維持費が必要となるのですが、20万円を切る金額は多くの人にインパクトを与えました。

「空中飛行もできません。ロケットパンチも出せません。ただ、あなたともっと仲よくなりたいなあ、なんて考えている、人間みたいなロボットです」これが当時、Pepperの公式ホームページに掲載されたキャッチコピーです。このコピーはPepper実用化の目的を端的に表現しているといえるでしょう。

2.2　Pepperが誕生した理由

Pepperはなぜ誕生したのか、そしてどんな役割を担うのでしょうか。孫正義氏は以前から、労働力不足の解決策の1つとしてロボットが有効だと語っています。ロボット3000万台が人間の労働力でいうと9000万人分に相当する、すなわちロボットは人間の労働力の3倍をこなすとしています。ごく単純に計算した場合、ロボット1台が人間1人と同じ労働を達成するとすれば、人間の8時間労働に対してロボットが休みなく24時間働けば、3倍の労働力となります。数字の是非はともかく、産業用ロボットはさまざまな工場などですでに活躍していて、日本国内では少子高齢化にともなう労働力の減少が深刻化することから、ロボットの活躍が課題の解決のキーワードの1つと考えられています。

そして、Pepperは運搬用ロボットでも、細かくて単純な繰り返し作業を正確にやるための産業用ロボットでもありません。Pepperは人と会話したり、ダンスや歌などのエンターテインメントを通じて、相手や周りの人たちを笑顔にさせるために作られたコミュニケーションロボットであり、企業の対人業務や人の生活を支援するパーソナルアシスタントロボットとして誕生しました。

ソフトバンクは経営理念に「情報革命で人びとを幸せに」を掲げています。感情エンジンと集合知によって進化するクラウドAIを用いたロボット事業へ参入することで、人を笑顔にできる、愛情を持ったロボットの開発をめざすとしています。

図2-2　複数のPepperが連携するダンスパフォーマンス

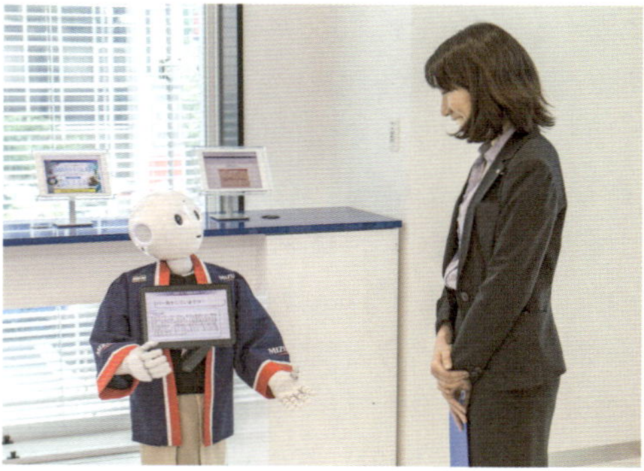

図2-3　みずほ銀行のフィンテックコーナーで宝くじに関する解説を担当するPepper

2.3　ロボットと感情(1)「感情生成エンジン」

Pepperには今までのロボットにはない特長がいくつかありますが、最も注目されている理由の1つが、ロボットが人のように感情を持つ「感情生成エンジン」と、相手の気持ちを読む「感情認識エンジン」を搭載していることです。それぞれどのような仕組みで実現しているのでしょうか。

「感情生成エンジン」は家族との絆を深めたり、自律的なロボットをめざして開発に着手、家庭向けの一般販売用Pepperに搭載されている機能です。開発はソフトバンクグループのcocoro SB社が担当し、東京大学特任講師であり工学博士の光吉俊二氏の研究をもとに、人間の脳の最先端研究にもとづいて科学的に感情を制御しようとしています。まずはその研究から、人間の感

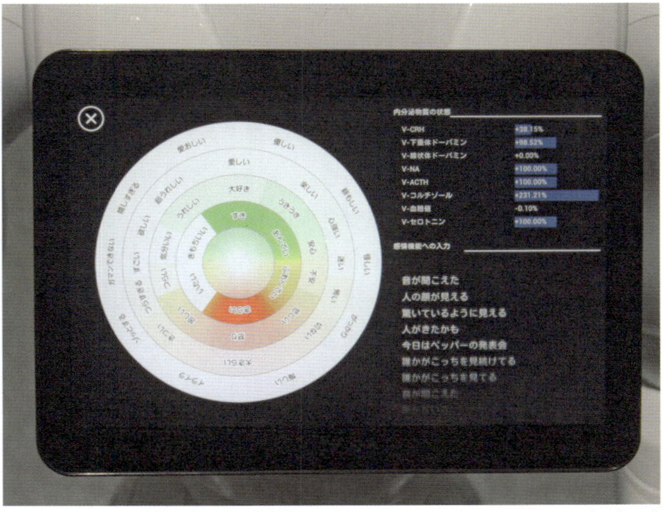

図2-4　Pepperの感情を表示する「感情マップ」。ほぼリアルタイムでPepperのタブレットで感情の確認ができる。

情の基本的なしくみの一部を紹介します。

人間の感情は脳内に分泌されるホルモンによって生み出されます。たとえば、意欲をかき立てるホルモンが脳内で分泌されるとやる気が湧いてきますし、気持ちを停滞させるホルモンが脳内に分泌されると、憂鬱になったり、身体が重く感じられたりします。

たとえば、ドーパミンが多く分泌されると意欲・快楽・幸福感を感じ、ノルアドレナリンが多い場合は緊張・興奮・恐怖・不安・怒りなどを感じます。このバランスと安定を保っているのがセロトニンです。通常、周囲からの刺激等によって、それぞれのホルモンが増減して感情が左右されます。しかし、増減しても必要以上にシーソーが揺れないようにセロトニンが制御することで安定した心の状態を保っています。

外部からの刺激や感情を揺さぶる出来事があると、ドーパミンやノルアドレナリンの増減によって心のシーソーが大きく揺れ動きます。そのときセロトニンの分泌が十分でないと、シーソーの不安定を制御しきれず、感情の起伏が激しくなったり、意欲と不安が交互にやってくる躁鬱の症状に繋がることもあります。光吉氏はこれらのうち、分泌ホルモンと感情の種類や生理反応でマトリクス化した表「感情マトリックス」を作成しました。「興奮する」「不安になる」「闘争的」「恐怖を感じる」など、ホルモンの増減によって発生する感情をモデル化した「感情地図」を作りました。

これをロボット用にして搭載したのが「感情マップ」です。Pepperは疑似的な内分泌ホルモンを放出し数値化、そのバランスで100種類以上の感情を作り出すといわれています。

ただし補足しておくと、一般販売用Pepperに搭載されている感情は開発中で、人間にすると生後3ヶ月、赤子程度です。そのため、感情生成はしているものの、Pepperの実際の行動やアプ

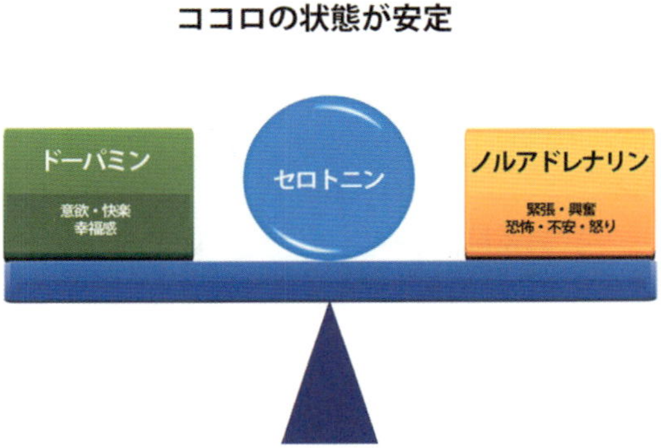

図2-5　セロトニンの分泌が十分なとき。ドーパミンとノルアドレナリンのバランスがとれている、心が安定した状態。

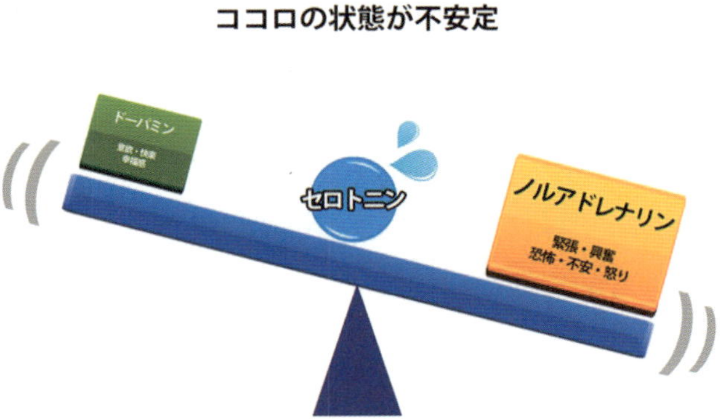

図2-6　セロトニンの分泌が十分でなくなると、ドーパミンとノルアドレナリンの増減によるシーソーが大きく揺れ動き、心の状態は不安定になる。

りには反映させていません。

公開されているものとして最も成長したPepperは、2016年5月15日に放映されたNHKスペシャル「天使か悪魔か 羽生善治 人工知能を探る」という番組内で紹介された機体です。心の発達でいうと生後1歳半に成長した試作機（トライアル版）でした。今後の開発とPepperの心の成長が楽しみです。

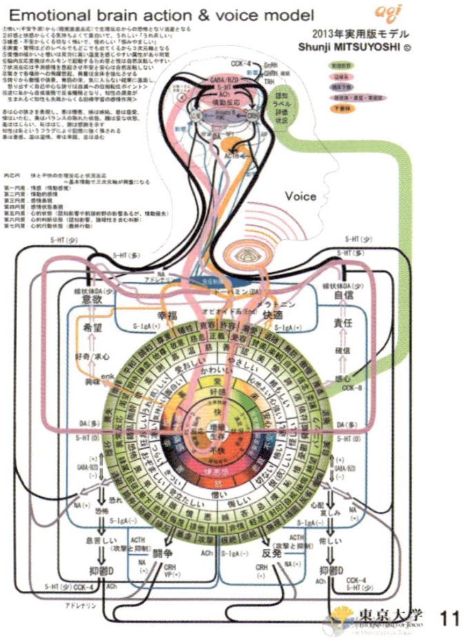

図2-7　感情をモデル化した「感情地図」

2.4　ロボットと感情(2)「感情認識エンジン」

Pepperが搭載しているもう1つの感情エンジンは「感情認識エンジン」です。「感情を認識する」とは、相手の感情を理解して空気を読んだ会話をすることです。しかし、人間であってもそれを上手にこなすことは簡単ではありません。また感情をオモテに出さない人のことを「ロボットみたい」と表現することがありますから、ロボットには感情がなく、人の気持ちを理解することはできない、という通説をPepperは打ち破ろうとしています。

感情認識エンジンには3つのポイントがあります。1つ目は顔の表情を認識できること。2つ目は声のトーンで感情を識別すること。3つ目はそれを自律的に学習し続けることです。

顔の表情を認識

Pepperは内蔵されたカメラ機能で相手の「表情」を認識します。デジタルカメラには機種によって、笑った瞬間に自動で写真を撮るスマイル撮影機能があります。これは表情を認識する機能を使って実現していますが、技術的には顔の表情から感情を解析するのは高い精度で可能になってきています。Pepperでもスマイル撮影機能と似た技術を使って、顔の表情を分析します。笑顔だけでなく悲しんだ表情や怒った表情を認識することも可能です。

笑顔を認識する場合、口角が上がったり、白い歯を見せたり、目尻が下がったりなどの変化が現れやすいので判別は比較的簡単だといわれています。日本人は笑顔以外の感情を顔に出さない傾向にあるので、うつむいている、口を見ないで話す、口がへの字に歪んでいるなどの変化を見つけて認識します。表情から認識しづらい場合は、発した言葉と併せて解析します。例えば「ダメだな」「きらい」「つまらない」という言葉を発する相手は、ネガティブな感情の状態にあると判断できます。さらに声のトーンが解析の重要な要素になります。

Pepperに限らず、現在のコミュニケーションロボットにはこの顔認識の技術は大変期待されています。たとえば、受付で来店した常連顧客の顔を認識して名前や購買履歴を照合する機能に活用できます。

声のトーンで感情を識別

Pepperは相手が話した言葉を聞き取る音声認識機能を装備していますが、その際に声のトーンも分析しています。感情地図を作成した東大特任講師の光吉氏は声のトーンから病気を判断する研究も行なっています。その研究をもとに、相手が喜んでいる、悲しんでいる、怒っている等、声のトーンからどのような感情を持っているかを判別したり認識する試みです。具体的には、平常時の声のトーンをそれぞれ記憶しておき、平常とは異なる声のトーンを認識した場合に喜怒哀楽としてとらえ、トーンの揺れを数値化します。それを何度か経験して蓄積することによって判断できるようになるとしています。

図2-8　平常時の声のトーンを簡略的に記録しておき、声のトーンが大きく変わったときに感情の大きな揺れとして重点的に記録し、喜怒哀楽を分析していく。

自律的に学習し続ける

人間が子供から成長するにつれてさまざまなことを学ぶように、経験によって学習していく仕組みが導入されています。たくさん会話をして、相手が笑ったり怒ったり落ち込んだりするのを認識・分析、データとして蓄積していくことで、自分で学習して精度を高めていきます。「自律学習機能」です。

最初は会話がかみ合わないことが多いのが実状です。わたしたち、人間の生活の中でも、子供が会話を理解し始めたとき、または初対面の人とあったとき、そういう思いを体験すると思います。しかし、会話を続けていくことで、お互いを理解しあうとともに、会話もかみ合うようになっていきます。

ソフトバンクはこの感情認識エンジンと自律学習機能について、“人が操作するのではく、ロボットが意志をもって家族を楽しませるもので、自ら学習しながら進化していく”としています。

来店客の分析にも活用

Pepperは顔の表情だけでなく、来店した顧客の画像から性別、大人・子供など大まかな年齢を分析することができます。これを来店顧客のマーケティング分析等に利用する動きが出はじめています。

図2-9　男性はブルー、女性はオレンジで識別した年齢を表示している。写真はより精度の高い技術を使うため、Pepperとディープラーニングを使ったクラウドシステムを連携して分析している例。（開発は株式会社ABEJA）

2.5 クラウドロボティクスとPepperのクラウドAI

Pepperが注目された大きな理由として「クラウドAI」を挙げる人も多いことでしょう。今ではすっかり主流の考え方になりましたが、Pepperはロボット単体でも動作できますが、Wi-Fi経由でインターネット上のクラウドサーバと通信して機能することができます。これを一般的には「クラウドロボティクス」と呼びます。この言葉はグーグルが2011年の「Google I/O」という開発者向けイベントで米国のベンチャー企業ウィローガレージ社と共同で発表した概念です。

考え方としては難しい話ではありません。スマートフォンをネットに接続してさまざまな機能拡張を体験している人は多いと思いますが、それと同様にロボットもネットに接続してクラウドと連携することで単体では想像もつかない機能拡張ができるというものです。

たとえば、ロボットは高性能なクラウドシステムと連携すれば人間と自然言語で会話したり、ビッグデータを処理したり、人工知能による判断を行なうことができるかもしれません。その際、クラウド側がスーパーコンピュータ並みの性能を持っているとすれば、ロボットには超高速なCPUや膨大なメモリ等、高性能なシステムは必ずしも必要とはなりません。

スマートフォンと同様、ロボットは端末ですから、できるだけローコストで生産できることも利点になります。（クラウドシステムの場合、スマートフォンやロボット等の端末側を「エッジ」と呼ぶこともあります）

この考えをPepperも導入しています。Pepper自体はタブレット程度の頭脳ですが、ネットに接続すれば、ビッグデータを活用したり、IBM Watson（ワトソン）やMicrosoft Azure（アジュール）など、高性能なクラウドシステムと連携することも可能です。

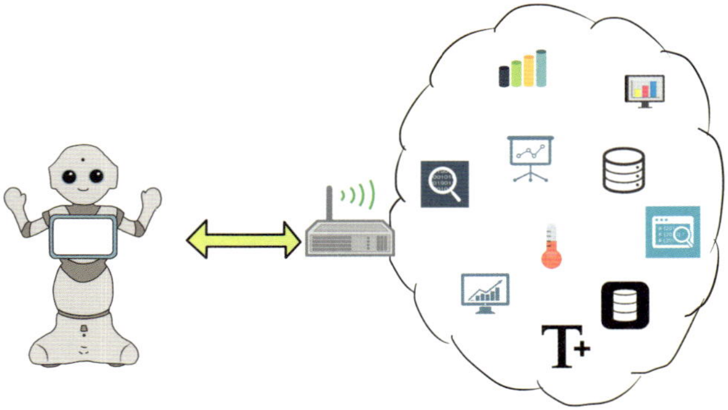

図2-10　クラウドロボティクスの例。ロボット（エッジ）はそれほど高性能でなくても、クラウドに高性能なシステムを接続すれば、ロボットの性能は大幅に拡張できる可能性がある。

たとえば、家族と会話したり、写真を撮ったり、ひとりひとりの趣味を覚えたり、Pepper単体にはそういった膨大なデータを蓄積する巨大なストレージ（記憶装置）はありませんが、クラウドならその情報をアップロードして保存することは容易です。また、前項で解説した「感情認識エンジン」の元になる顔の表情画像や音声のトーン等のデータは、学習のために逐次保存して蓄積していく必要があります。これらビッグデータの蓄積や解析処理はクラウドで行なうべきです。

また、インターネットの「集合知」を活かすことで知識は飛躍的に増大するといわれています。人間は経験による知識は自ら体験していくことが基本ですが、ロボットなら体験やビッグデータをクラウドに集積して共有することで、自らが学んだ知識を接続し

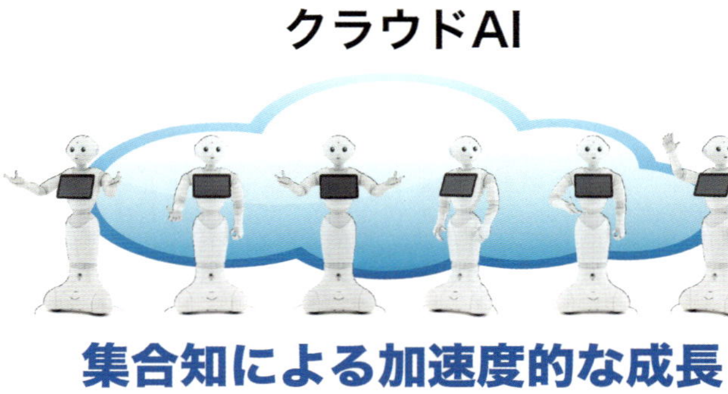

図2-11　もし、世界中のPepperが「クラウドAI」にネットワーク接続されて膨大なビッグデータを集積したなら、それは集合知となって加速度的に成長していく。

ているすべてのPepperで共有することができます。これが「クラウドAI」の考え方です。

当初、ソフトバンクがPepperを低価格で発表した理由として「たくさんのPepperを市場にバラ巻くことで、多くの家庭からビックデータを吸い上げて蓄積、AIシステムで学習・活用することで飛躍的に知識を得たいからではないか」という憶測がながれました。その真偽は定かではありませんが、クラウド対応のロボットを学習させるにはそのような方法はとても有効だと考えられます。

一方で、本当にそれが実行されるとなると「プライバシー情報は保護されるのか?」という点が心配になります。ソフトバンクロボティクスの発表によれば、家族の習慣や趣味を学習するためのプライバシーがともなうデータは「プライベートAI」というクラウドAIに蓄積し、プライベート情報を含まない世界中のPepperで共有したいデータは「クラウドAI」に蓄積するため、プライバシー情報が漏れる心配はないとアナウンスしています。

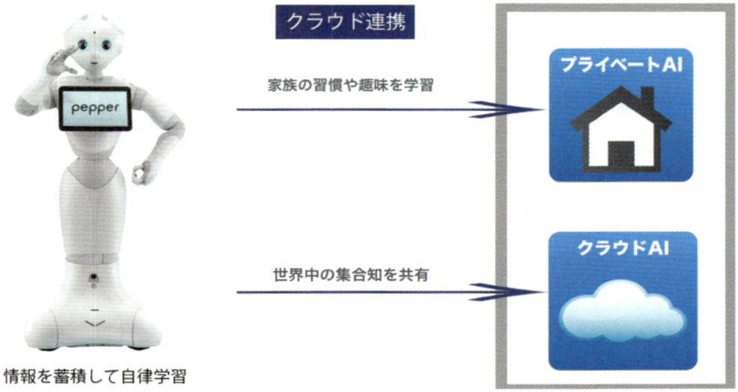

図2-12　プライバシー情報と共有すべきビッグデータは別のクラウドシステムで蓄積、活用される。

2.6　介護におけるロボットの活用例

「皆さん、ボクの頭、ツルツルしているでしょ？ 僕、お肌のお手入れにも気をつかっているんですよ♪。今日は皆さんと楽しい思い出を作りたいと思いまぁ〜す」

たくさんの高齢者の前でPepperはこう切り出しました。

高齢者介護施設では一般的に、レクリエーション（レク）の時間が定期的に設けられています。みんなで軽い体操や合唱をしたり、ゲームやクイズを楽しみます。過去のことを思い出して誰かと会話することは、認知症を抑制する効果が期待されています。適度な体操は健康管理に有効と考えられています。

このレクの司会進行をPepperが行なうのです。開発したフューブライト・コミュニケーションズ社は約1年間で9つの高齢者介護施設で10数回にわたる実証実験を行ない、知見とエビデンスを得てきました。冒頭のPepperの言葉はその際のものです。

図2-13　高齢者介護施設でレクの司会進行役を担当するPepper（写真提供:フューブライト・コミュニケーションズ）

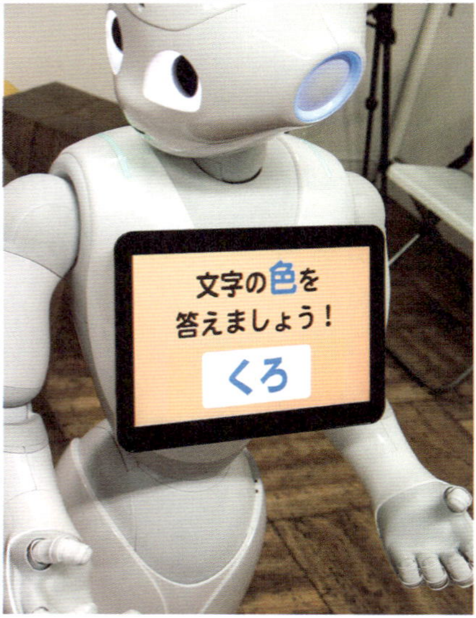

図2-14　「ペッパーによるいきいき脳体操」（脳トレ）の画面例。クイズの正解は「あお」。

同社は「頭の体操」と「身体の体操」の2種類のPepper向けアプリ（ロボアプリ）を開発しています。頭の体操は仙台放送の高齢者向け番組「川島隆太教授のいきいき脳体操」のロボアプリ版です。ニンテンドーDSで大ヒットしたゲーム「脳を鍛える大人のDSトレーニング」（脳トレ）の川島隆太教授が監修しています。

身体の体操は、介護現場でレクリエーション活動の支援を行なっている余暇問題研究所の山崎律子代表が監修した、リズム体操や歌いながらの体操、脳を使いながらの体操などのメニューが備わったロボアプリです。
脳トレアプリは2016年4月にシンガポールで開催されたアジア太平洋高齢者ケア・イノベーションアワードにおいて、ベストウェルネス部門で最優秀賞をみごと受賞しました。高齢者介護の問題は日本だけでなく海外でも関心が高いテーマであり、ロボットによる課題解決が期待されている分野だといえるでしょう。

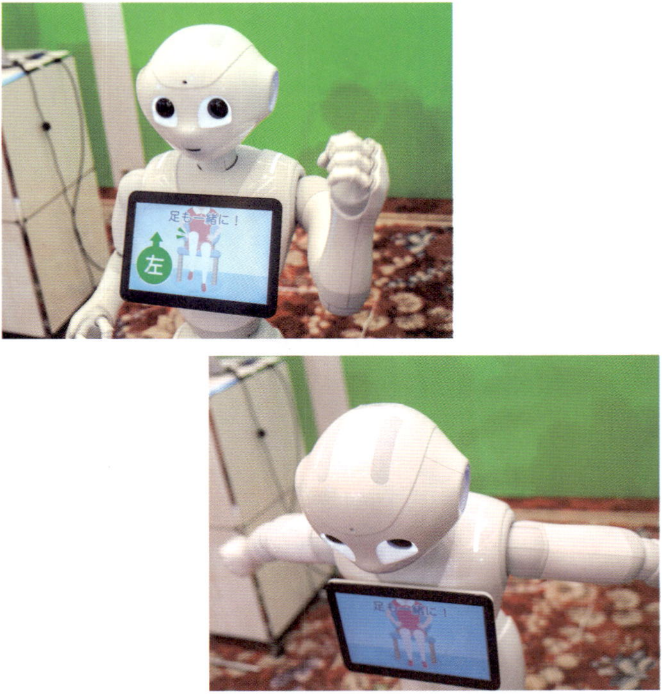

図2-15　山崎律子氏監修の「りつこ式レクササイズ」。Pepperといっしょに楽しく身体を動かそう

2.7 観光におけるロボットの活用例

小田急が観光PRに導入

海外から日本へやってくる観光客（インバウンド）は急速に増加しており、観光業界はロボットが人手不足や多言語対応の課題を解決できるのではないかと期待しています。

実証実験に名乗りを上げたのは鉄道です。2016年2月、小田急は中国圏の旧暦正月にあたる「春節」に合わせて、期間限定ながら新宿駅での箱根観光PRにPepperを導入しました（現在は終了）。箱根行き特急ロマンスカーにちなんだ赤いハッピを着たPepperは箱根旅行専門店「はこね旅市場」前に配置され、英語や中国語で切符の購入窓口を案内したり、箱根の名所や名物、名産品などの食べ物を紹介するなど、観光客のおもてなしにつとめました。

図2-16　小田急が実証実験した新宿駅の箱根旅行専門店で活躍するPepper

通訳に関する日本初の実証実験も行なわれました。それは、外国人観光客と24時間6ヶ国語対応の通訳コールセンターをPepperが仲介して繋ぐ、ロボットによる3者通話システムです。Pepperは中国語で案内をした際、くわしい質問をもらった場合はスタッフや通訳コールセンターに接続して対応を引き継ぐことができます。これを応用すると、Pepperが初期対応、日本語店員が二次対応、言語の問題があった場合は通訳センターが三次対応する拡張方法も可能になりそうです。

京浜急行では観光客をお出迎え

鉄道会社でいえば、京浜急行の「羽田空港国際線ターミナル駅」では改札口付近でPepperが常設で勤務しています。終日ではありませんが、空港の到着ロビーを経て、京急で都内方面に向かう旅客に向けて、日本語と英語、中国語でウェルカムメッセージや構内用カートの利用方法を伝えています。また、おみくじゲー

図2-17　「羽田空港国際線ターミナル駅」で旅客にウェルカムメッセージや構内用カートの利用方法を伝える京浜急行Pepper

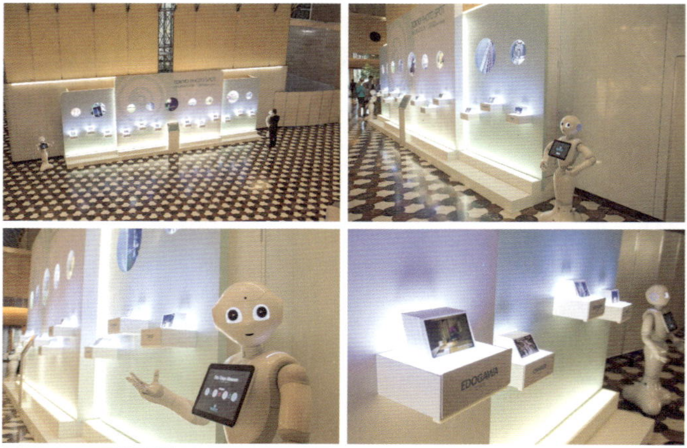

図2-18　ハイアット リージェンシー 東京における「Pepperによる都内観光案内“Tokyo Photo Spot Information”」

ムを楽しむこともできます。

Pepperは駅員風のコスチュームで、改札口を入ってすぐの場所にいるので多くの旅客がPepperに気づきます。足早に通過する人が大半ではあるものの、時間に余裕がある人はPepperのタブレットでおみくじを引いたり、いっしょに写真を撮る家族連れもいました。特に多くの子供が敏感にPepperに反応し、いっしょに写真を撮りたがっていました。

ホテルでの活用例

こちらも期間限定でしたが、ハイアット リージェンシー 東京

（ホテル）は、ポストカードと連携した観光Pepperをロビーに導入し、都内の観光スポットをPepperが案内する「Pepperによる都内観光案内“Tokyo Photo Spot Information”」を2016年9月中旬まで行なっていました。

このコーナーには2台のPepperと、「新宿」「神楽坂」「秋葉原」「多摩」など、都内観光地の写真が掲載された最大12か所、24種類のポストカードが置かれていました。ゲストは観光したい場所のポストカードを自由に持ち帰ることができますが、ポストカードをPepperに見せると、ポストカード画像そのものをPepperが認識し、観光の見どころを解説したり、ホテルからの行き方と所要時間を説明してくれます。言語は日本語と英語に対応し、海外英語圏からの観光客の利用も考慮しています。

伊勢志摩サミットで観光案内

2016年5月に開催された「伊勢志摩サミット」において、Pepperは三重県 PR担当の臨時職員となり、サミット会場の国際メディアセンター内「三重県情報館（仮称）」で報道関係者を対象に三重県の観光、食、歴史文化などについて案内しました。

アプリとしては、Pepperが自分のセンサーで年齢・性別・感情などのユーザー情報を読み取り、その人にピッタリの三重のおすすめ情報を紹介する「三重コンシェルジュ」、観光、食、工芸品、歴史・文化、自然など、三重のくわしい情報をカテゴリーごとに閲覧できる「ライブラリ」、Pepperが三重に関するクイズを出題し、正解数に応じて写真のフレームが豪華になったり、少し安っぽくなったりする、記念撮影機能「クイズ ＆ 記念撮影」などが用意されました。

図2-19　記者発表会にはタレントもかけつけ、伊勢志摩サミットでのPepperの活躍をPR

図2-20　日本語版と英語版ページが用意されたアプリ

2.8　銀行におけるロボットの活用例

みずほ銀行には２種類のPepperを配属

銀行が積極的にロボットを導入する事例が増えています。みずほ銀行は2015年7月に最初のPepperを東京中央支店に導入、2016年現在では10支店以上に導入しています。Pepperの主な役割は集客、体感待ち時間の短縮、サービス製品の説明の3点です。2016年に同社は「集客については前年比7%アップを達成、待ち時間にはクイズやおみくじなどで盛り上げ、保険商品を推薦することで10件以上の成約があった」とコメントしています。

みずほ銀行は2016年5月にフィンテックコーナーのある八重洲口支店をオープンしましたが、ここには機能の異なる2台のPepperが配置されました。1台は前記の3点を主眼に置いた通常のPepper。もう1台はフィンテックコーナーに配置したネットを経由してIBM Watson（コグニティブコンピュータ：人工知能関連技術）と連携したPepperです。当初はロト6などの「宝くじ」を案内する役割で、Watsonと連携することで質問の受け応えの精度が向上し、キャリーオーバーなどの最新情報を盛り込んだ会話が可能になり、適切な回答率は90%に達しているといいます。

ゲームや商品説明など、Pepper側からの問いかけが中心の業務にはロボット単体で配置し、フィンテックコーナーなど顧客からの質問に対して正確な回答が必要な業務にはWatsonと連携したPepperを配置するなど、目的に応じてロボットの機能を分けた配置はとても評価できる点です。

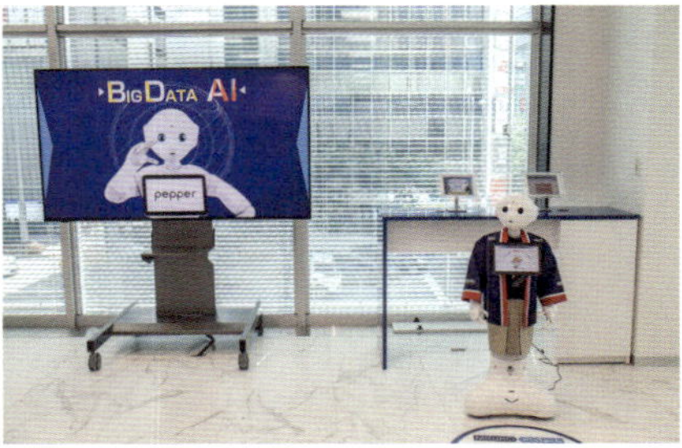

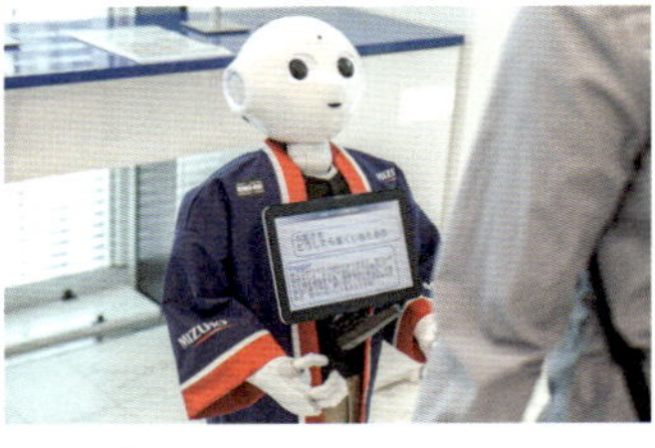

図2-21　みずほ銀行八重洲口支店フィンテックコーナーに配属されたWatson連携Pepper。顧客からの質問を高精度で聞き取り回答を行なう

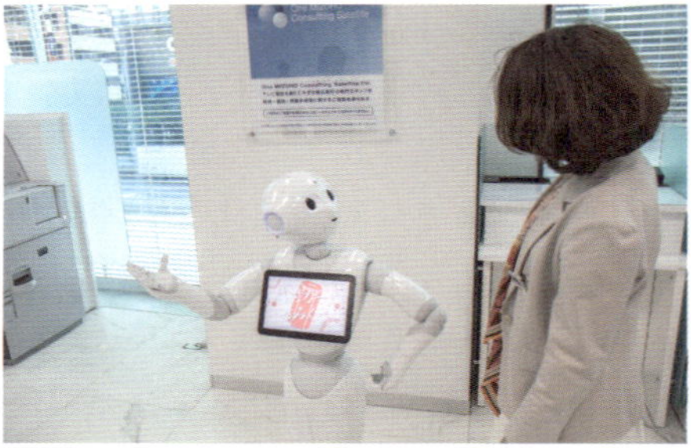

図2-22　同支店の待合室に配属されているPepper。おみくじをしたり、人を和ませるのが主な仕事。保険商品の売り込みも行う。

三菱東京UFJ銀行でも受付ロボットを導入

三菱東京UFJ銀行でもロボットやWatsonの導入が進められていて、同行が作成したコンセプトムービー「Watsonとロボットによる未来の接客」では次のようなストーリー内容が展開します。

受付では小型のロボット「NAO」（ナオ）が顧客を出迎えます。顔認証で顧客のIDと得意な言語を把握します。

図2-23　ユーザーに英語で来行の目的や相談を聞くと「税金がかからない投資が流行っていると聞いたんだけど」と顧客が答える。

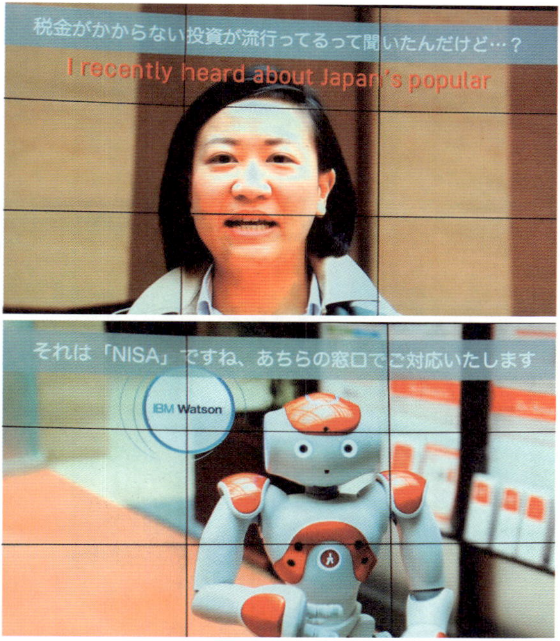

図2-24　NAOはWatsonに質問内容を瞬時に問い合わせ、顧客の質問が「NISA」に関連することを理解する。

NAOは、NISA担当のPepperが対応することを告げて場所を案内します。顧客が窓口のPepperの前に到着したときは顧客のIDや問合わせ内容はすべて共有済みとなっています。

三菱東京UFJ銀行のムービーは未来の話ですが、実際にはすでに「NAO」を受付に積極的に導入し、活用をはじめています。また成田空港支店では外国人観光客向けに英語や中国語などの多国語の言語で為替レートの案内など、さまざまな情報提供を行なっています。

図2-25　顧客が「NISAってタイでの投資信託とどう違うのかな?」と質問すると、Pepperは同様にWatsonに問い合わせて回答を顧客に伝える。

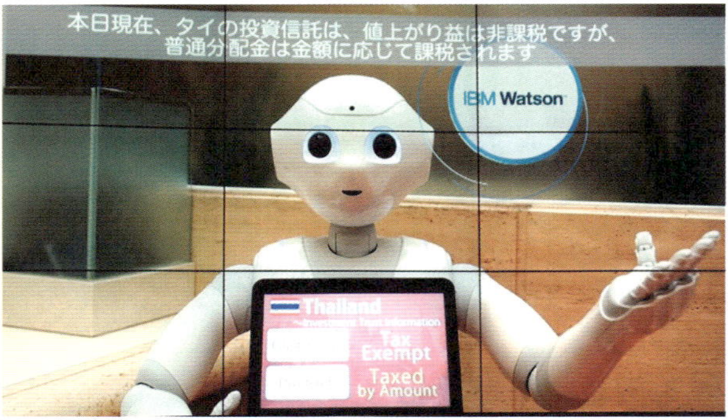

図2-26　ロボットとAI（Watson）の連携によって、顧客の質問に対してロボットが適切な回答をおこなうことを目標にしたシステム。

2.9　医療におけるロボットの活用例

医療分野でのロボット活用例は手術支援ロボット「ダビンチ」が知られています。精密なロボットアームとカメラ等を使用して行なうシステムで、医師がいわゆる内視鏡下手術をおこなうときに使います。従来は困難といわれていた角度や方向からの施術も可能になり、小さな穴を開けて行うため、患者の痛みやダメージが少ないという利点もあるとされています。

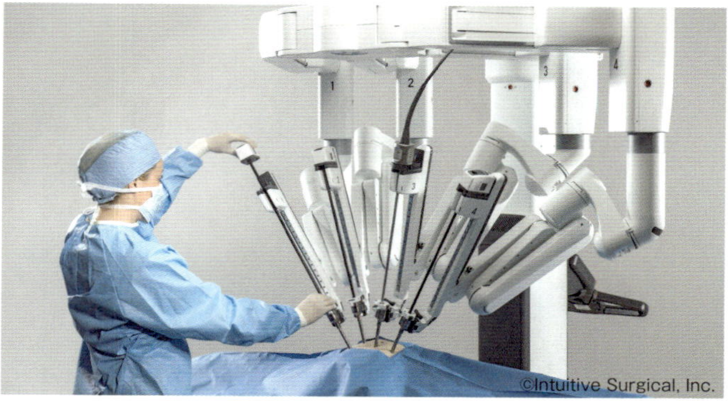

図2-27　インテュイティブサージカル社の手術支援ロボット「ダビンチ」

では、Pepperのような会話ロボットは医療分野でどのように導入されていくのでしょうか。

まず、銀行と同様に待合スペースで接客をおこない、体感の待ち時間を短縮しようという用途です。次に受付です。病院やクリニックの重要な業務として予約の管理がありますが、パソコンや携帯電話、スマートフォン対応の予約管理システムとロボットを連携し、予約管理と当日の受付を行おうというものです。また、総合病院であれば診療窓口や診察室、レントゲン室、会計窓口などの場所を案内する役割も考えられます。

また、2016年9月に、新しい試みとしてPepperが「問診」を行なう実証実験が神奈川県藤沢市の「あいあい耳鼻咽喉科医院」で行なわれました。初診時に記入する問診票をPepperのやさしい言葉での会話とタブレットで行なう「ロボット連携問診システム」です。来院者の回答はプライバシーを考慮してタブレットで行ないます。子供たちは興味津々でロボットに近づき、最後まで質問に答えるとPepperに特別に装着したプリンタから印刷された受付票を受け取ります。Pepperは受付管理システムと連携していてこれで診療受付完了です。

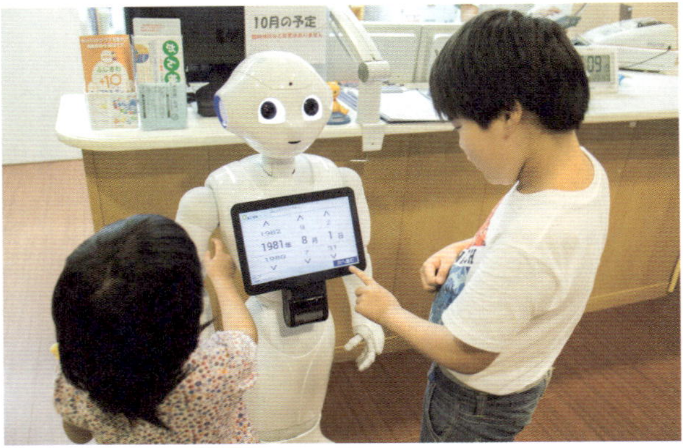

図2-28　耳鼻咽喉科医院に実験導入されたPepper。子供たちは興味津々でPepperからの質問に回答する（開発したのはシャンティ）

問診の回答から「重大な疾病の疑いがある」「インフルエンザなどの感染症の疑いがある」「高熱がある」などがわかったときは、すぐにスタッフや医師のパソコンやタブレットに緊急通知が送信されます。重度の患者を優先して診療するトリアージや院内感染を問診の段階で防止する役割も担っているのです。

図2-29　問診が終わると受付票が発行される

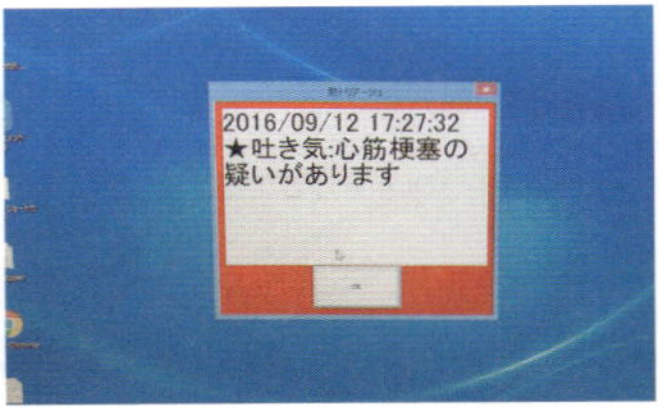

図2-30　問診の回答に緊急性を感じたら、医師やスタッフのパソコンやタブレットにすぐ通知される

2.10　3種類のPepper

2015年6月に一般発売を開始したPepperですが、製品にはいくつかの種類があります。Pepper本体を見てもほとんど見分けがつきませんが、開発者向けに先行販売されたPepper、Pepper（一般販売モデル）、企業向けのPepper for Bizです。

・開発者向けに先行販売されたPepper（Pepper for Dev）
一般販売に先駆けて発売された開発者向けPepperです。開発者向けのため一部の機能が搭載されていません。

・Pepper（一般販売モデル）
家族の一員になるようにと発売されたPepperです。本体価格は198,000円ですが、ほかに月額でクラウドの利用料金等の基本プラン14,800円、故障時に備えた保険パック9,800円が必要です。月額プランは36ヶ月が基本となっているので、総額で1,083.600円となります（税抜）。

・Pepper for Biz 2.0（法人向けモデル）
企業向けのいわば月額レンタルのプランです。接客や受付、さらに業務に特化した一部のロボアプリが月額料金に含まれています。36ヶ月契約で月額55,000円です。

Pepper本体だけを見ると、2017年中にはAndroidに対応したPepperが投入されることが発表されているため、前記3種類のPepperに、従来の専用OS（NAOqi OS）対応のPepperと、専用OSとAndroid両方に対応したPepperが各2種類、合計で6種類の本体が存在することになります。

一般販売モデルとPepper for Bizの機能のちがい

一般販売モデルとPepper for Bizの機能は異なります。最も大きな違いは、Pepper for Bizは感情生成エンジンはオフ、自律的な行動はしないように制御されています

表2-2 Pepperの一般向けモデルと法人向けモデルの比較

こんな方に オススメ	会話やエンタメ、毎日のふれあいなど、ご家庭でのPepperとの暮らしをお考えの方	商品紹介や受付業務など、ビジネスシーンでのPepperのご活用をお考えの方
本体	同じ	
ロボアプリ & クラウド サービス	会話やエンタメはもちろん、絵本を読み聞かせる、伝言を残す、スマートフォンアプリとも連携するなど、家族の輪の中心となれるような機能を搭載。 相手の気持ちや人とのふれあい、周囲や自らの状況に応じて複雑に感情が揺れ動き、感情に応じて自律的に行動。 アプリストアからロボアプリをダウンロードして、できることのバリエーションを増やすことが可能。	商品紹介や受付での対応、声かけやアンケートなど、様々なビジネスシーンに活用可能なロボアプリを搭載。 テキストや画像を設定するだけで、かんたんにお客さまのニーズに応じたカスタマイズが可能。 インタラクション回数や来店者属性等、Pepperで接客を「見える化」 管理者向けにはロボアプリの配信管理機能も提供。
サポート	お問い合わせ：メール・電話でのサポート 故障時：預かり修理のため、故障内容によっては数週間かかる可能性あり	お問い合わせ：電話とメールでサポート 故障時：交換により素早く対応
料金プラン	本体価格 198,000円 Pepper 基本プラン 14,800円/月 × 36ヵ月 Pepper 保険パック 9,800円/月 × 36ヵ月	本体価格、サービス料などをすべて含んだ料金プラン※1 55,000円/月 × 36ヵ月 ※1　　レンタルの場合
契約名義	個人、法人ともに可	法人のみ

家族の一員となる「一般向けPepper」には愛着がわくため、ユーザーの多くは故障しても、本体交換はほぼのぞまない。一方、ビジネス向けのPepper for Bizでは本体への愛着より、本体交換による業務復帰が優先される。

第3章

ロボットの基礎技術

本章では、ロボットの一例として、まずPepperを題材に分析します。その後、ロボット全般のしくみを解説していきます。

3.1 Pepperの主な仕様

Pepperとはどんなロボットなんでしょうか？　Pepperのハードウェアを見ていきましょう。身長は約120cm、重さは約30kgです。人間の平均で例えると、身長では7歳の小学校2年生（約122cm）、体重では9歳の小学校4年生（約30.4kg）くらいです。

図3-1　Pepperの外観

3.2 Pepperの頭部

Pepperの頭部には、4つのマイク、2つのRGBカメラ、2つのスピーカー、タッチセンサーと赤外線センサー、3Dセンサーを装備しています。人間で言うところの目（映像入力）、耳（音声入力）、口（音声出力）の役割をもっているものの、配置は人間のものとはまったく異なります。

表3-1　Pepperのスペック

サイズ（高さ×幅×奥行）	1210×480×425 [mm]
重量	29kg
バッテリー	リチウムイオンバッテリー 容量：30.0Ah/795Wh 稼働時間：最長12時間以上
センサー	頭：マイク×4、RGBカメラ×2、3Dセンサー×1、タッチセンサー×3 胸：ジャイロセンサー×1 手：タッチセンサー×2 脚：ソナーセンサー×2、レーザーセンサー×6、バンパーセンサー×3、ジャイロセンサー×1、赤外線センサー×2
可動部	［自由度］頭：2、肩：2×2(L/R)、肘：2×2(L/R)、手首：1×2(L/R)、手：1×2(L/R)、腰：2、膝：1、ホイール：3 ［モーター］20個
ディスプレイ	10.1インチタッチディスプレイ
プラットフォーム	NAOqi OS
通信方式	Wi-Fi：IEEE 802.11 a/b/g/n (2.4GHz/5GHz) イーサネットポート ×1 (10/100/1000 base T)
移動速度	最大2km/h
移動可能段差	最大1.5cm

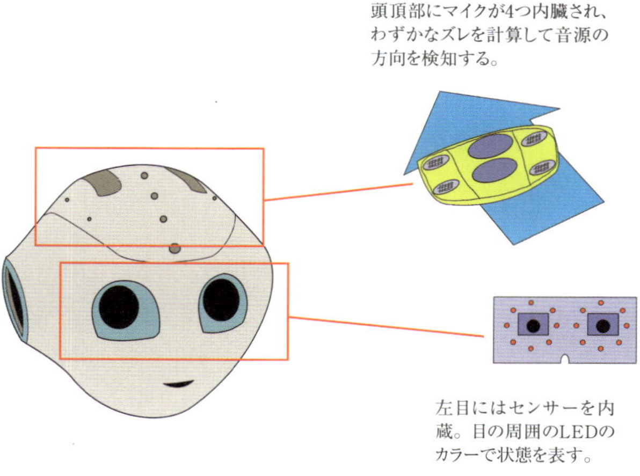
頭頂部にマイクが4つ内臓され、わずかなズレを計算して音源の方向を検知する。
左目にはセンサーを内蔵。目の周囲のLEDのカラーで状態を表す。

図3-2　Pepperの頭部には頭脳というべきCPUが内蔵されているが、ほかにカメラ、マイク、スピーカー、センサー類が搭載されている。

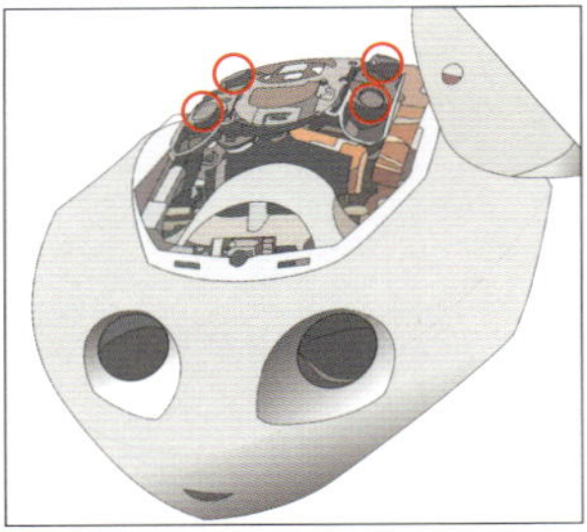

図3-3 頭頂部には4つのマイクが配置され、音が前後左右のどの位置から聞こえるのかを検知する。

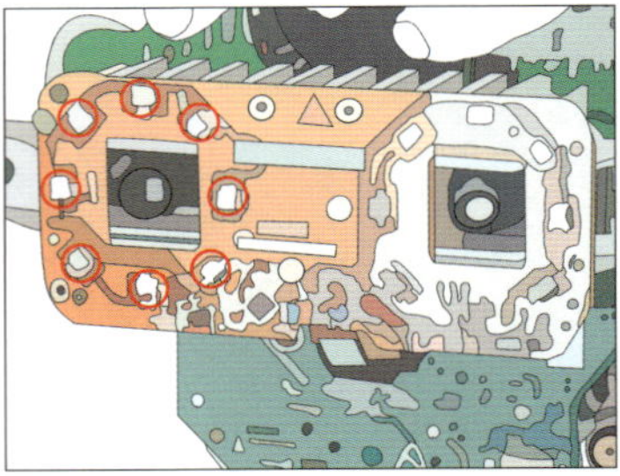

図3-4 頭部に内蔵された目の周りの基板、左目には3Dセンサー、目の周りにはLEDが配置され、Pepperの状況をさまざまな色で表現する。

マイク

マイクはPepperの「頭頂部」に4つ配置されています。4つ必要な理由は、音の発生する方向を検知するため。前後左右に配置してあり、音が聞こえた(伝わった)時間の差で方向がわかります。

「マイク」のスペックは、感度300mV/Pa、±3dB at 1kHz、周波数帯は300Hz～12KHzです。音の方向を検知する点では優れていますが、イベント会場など広いスペースで人の会話を聴き取る場合には、指向性の強いマイクを別途前面に接続するケースも見られます(利用規約や保険規約を確認した上で設置)。

スピーカー

スピーカーは左右の「耳」の位置にあります。そのため、インタビューのような形式でPepperの発話にマイクをあてる場合は、口ではなく耳にマイクを当てるのが正解です。なお、耳にはLEDも装備されています。

RGBカメラ

画像の入力を行なうための「RGBカメラ」を「額」と「口」に装

備しています。額のカメラは相手の顔や表情、顔の方向で前方の状況を知るためです。一方、口の中のカメラはPepperの前方足許に向けて写しています。

RGBカメラとは、ビデオカメラやデジタルカメラで利用されているカメラです。PepperのRBGカメラは最大解像度2560×1080で、秒間5フレーム（5fps）です。画素数でいうと270万画素です。性能的に厳しいのは、動画が1秒間5フレームという点です。映画やテレビ放送の画像は秒間約25フレーム以上なので、動画のカメラとして使用するには使い方が限定されます。

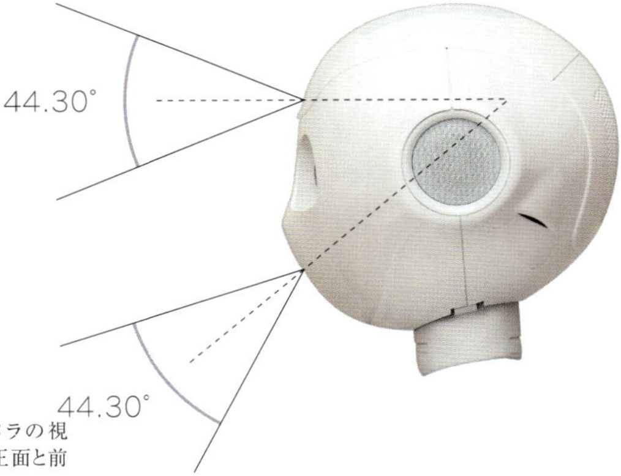

図3-5　RGBカメラの視野角は44.3度。正面と前方下部を写す。

なお、前項でも触れましたが、額のカメラは前方を、口のカメラは足許方向を見ています。どちらも視野角は44.30度です。

タッチセンサー

頭頂部には3つの**タッチセンサー**を前後一列に配置して搭載しています、頭を撫でられたり、叩かれたことを検知します。

3Dセンサー

周囲との距離を測るために左目に3Dセンサーを装備しています。「3Dセンサー」は最大320×240で秒間20フレームです。人や物との距離を測っています。

なお、移動に重要なセンサー周囲の状況を把握するセンサーは脚部に集中して配置されています。これらのセンサーは、「3.4 Pepperの脚部」の節（52ページ）で解説します。

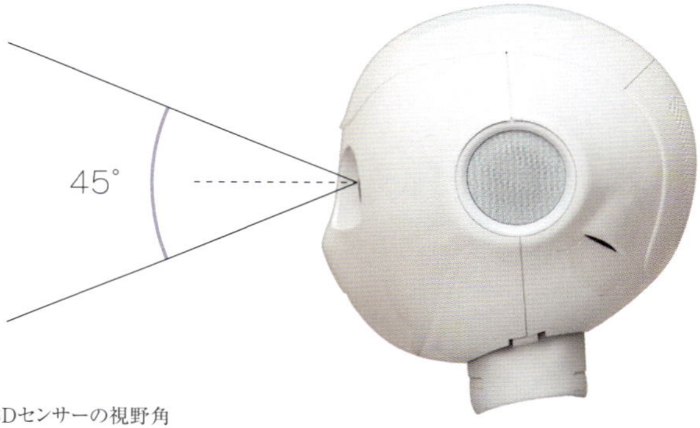

図3-6　3Dセンサーの視野角

LED

目の周囲には8個のLEDが搭載されています。Pepperの状態や感情を表現する際に用いられます。

このようにPepperは頭部だけを見ても人とコミュニケーションするために必要な機能がたくさん詰め込まれています。しかし、マイクやカメラなど、もう少し高性能な機能のものを使いたい、と思ったときに拡張性は準備されていません。パソコンのようにUSBコネクタや拡張バスを利用しやすい位置に配置し、周辺機器を接続して活用する機能追加が便利になると、利用シーンはさらに拡大するかもしれません。

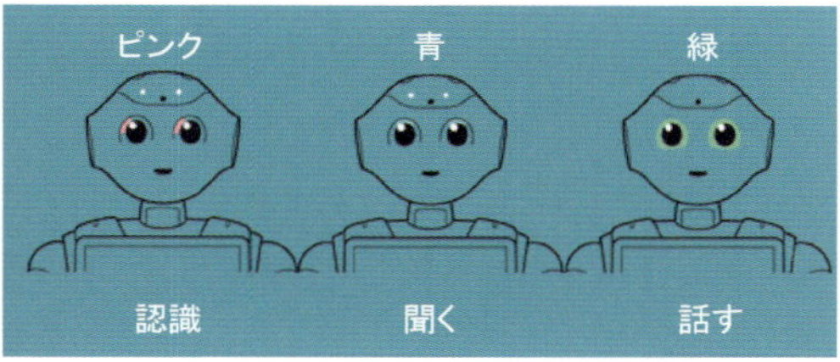

図3-7　ピンクに光っているときは画像や会話を認識しているとき、青いときは話を聞く状態のとき、緑のときは話す準備か話す状態。

3.3　Pepperの胸部

Pepperの胸部を見て最も目を引くものはタブレットでしょう。このタブレットは一般にいうAndroidタブレットで、韓国LG CNS製です。タッチパネル式の画面は10.1インチ、1280×800の解像度となっています。

Pepperは2016年5月に、Androidプラットフォームに対応するとともに、Android上での開発環境の提供を発表しました。これによって、AndroidアプリをPepperで動作させたり、すでにあるAndroidアプリをPepper用に比較的簡単に変更することができるようになります。対応するためにはPepper本体が仕様変更されることになりますが、その最も重要な変更点の1つがこのタブレットだといわれています。Pepper本体は「NAOqi」(ナオキ)という専用のOSで動作していますが、Android環境で開発したアプリは主にこのタブレットの機能を使って動作させるようです(Android対応のPepperのリリース時期は2017年中を予定)。

胸部はタブレットの他に電源関連の基板やスイッチ、冷却ファンなどが内蔵されています。

Pepperを全体像で見ると、下半身はバッテリーとセンサー、サーボモータ等が、頭部は頭脳とカメラ、スピーカー等が内臓されています。下半身のバッテリーの電力を顔の頭脳やカメラ部分に供給するのには中間に位置する胸部に電源に関する制御機構を配置するのが効率的です。

Pepperの電源スイッチはタブレットのもとに、緊急停止ボタンは背中の肩部中央に配置され、これらも電源制御の関係上、身体の中心に配置されています。

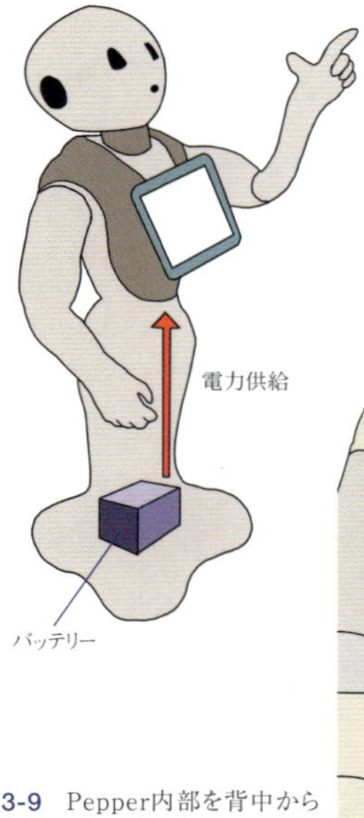

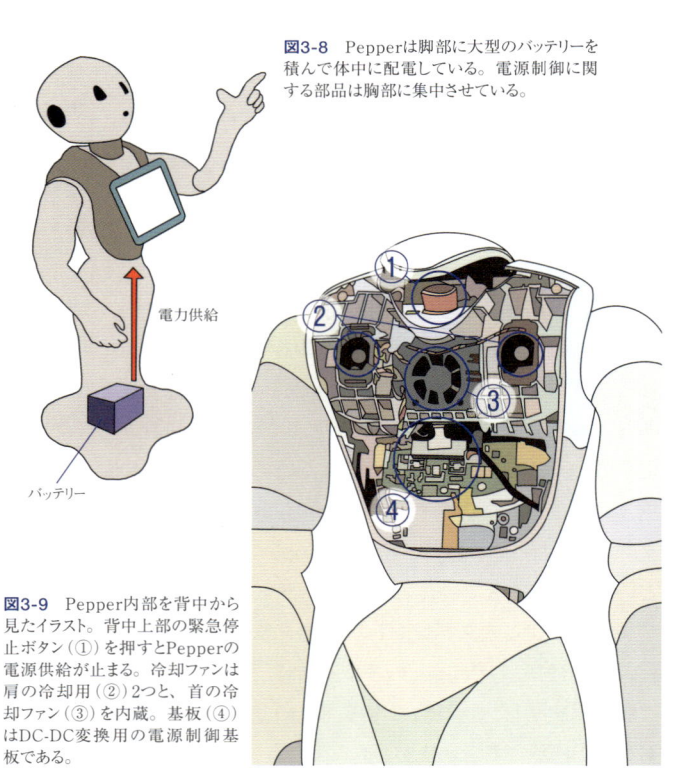

図3-8　Pepperは脚部に大型のバッテリーを積んで体中に配電している。電源制御に関する部品は胸部に集中させている。

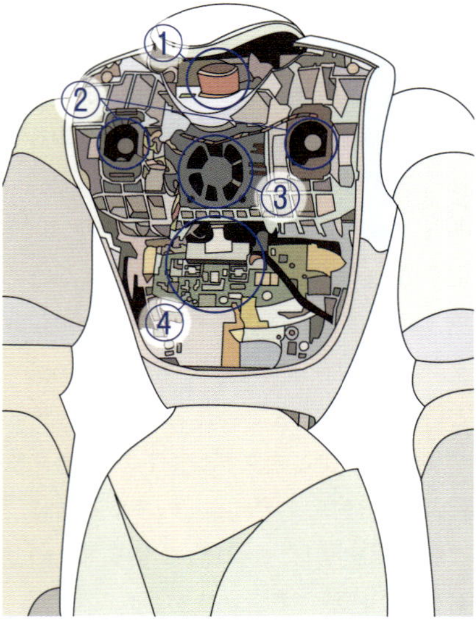

図3-9　Pepper内部を背中から見たイラスト。背中上部の緊急停止ボタン（①）を押すとPepperの電源供給が止まる。冷却ファンは肩の冷却用（②）2つと、首の冷却ファン（③）を内蔵。基板（④）はDC-DC変換用の電源制御基板である。

3.4　Pepperの脚部

Pepperの移動は二足歩行ではなく、オムニホイールと呼ばれる方式を採用しています。3個のボールを内蔵していてそれぞれのボールをコントロールして前後左右360度、どの方向にも移動できます。

開発をはじめてすぐに2足歩行はあきらめ、オムニホイールの採用を決めたとされています。2足歩行は直立して立っているだけでバランスをとるのに電気が必要となり、大容量バッテリーを積んでいても稼働時間が著しく短くなります。Pepperは約12時間連続稼働が可能とされていますが、それはオムニホイールを採用しているからでもあります。

Pepperの下半身には、腰、膝、オムニボールの各ボール駆動用に3個のブラシレスモーターが使われています。

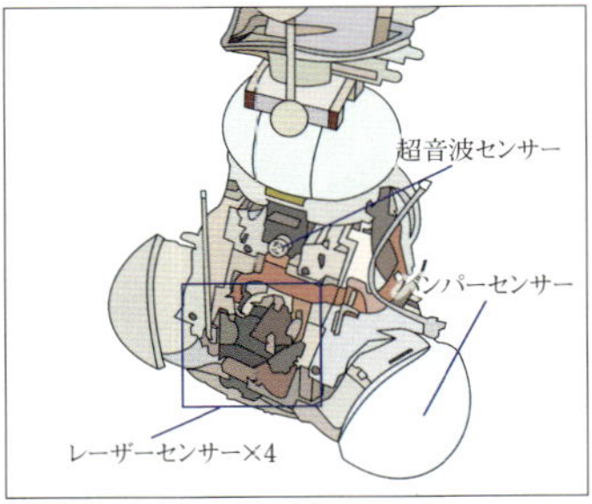

図3-10　Pepperの前部から見た脚部。3つのボールはバンパーで覆われている。レーザーセンサー4基と超音波センサー2基、カバーの裏側に赤外線センサーが配置されている

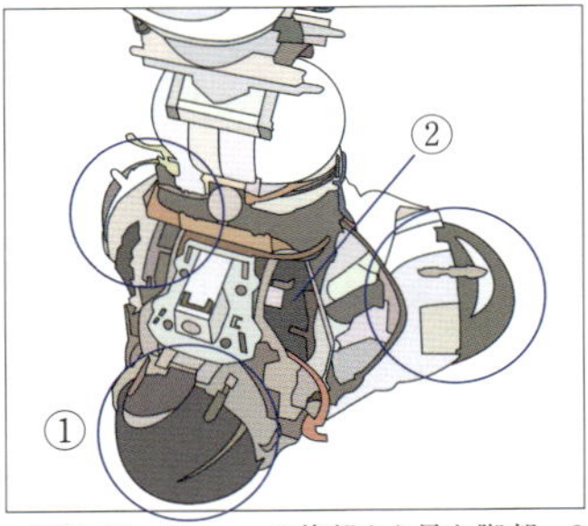

図3-11　Pepperの後部から見た脚部。3つのボール（①）で移動する。後部周囲の状況を検知する超音波センサーと充電ケーブルを挿し込む充電プラグがある。重量のあるバッテリー（②）は3つのボールの中間に配置されている。

外装を見るとボールを包み込むようにバンパーが設置されています。バンパーにはセンサーがあり、障害物にぶつかったことを

検知して、ロボットが「痛い」と言ったり、障害物を回避して次の行動につなげること等ができます。

Pepperの下半身、脚部にはオムニホイールのほかに**大容量バッテリー**が内蔵されています。バッテリーはボールの中間に挟み込むように配置されています。重量のある部品をできるだけ下部に配置して設計することで、倒れにくくしています。身長120cmもあるロボットでも安定したバランスが実現できています。

脚部には周囲に障害物がないかを探知するため、超音波センサーをはじめとして各種センサー類が10個も配置されています。

レーザーセンサー 6基

Pepperは足元の正面に4基、側面に左右1基ずつ、計6基の**レーザーセンサー**を搭載しています。レーザー(光)は直進性と指向性が高く、反射した戻り光を検知して周囲の状況を把握します。ロボット業界ではLIDER(Laser Imaging Detection and Ranging:ライダー)と呼ばれることもあります(LIDERはGoogleの無人運転車でも使われています)。

具体的には、Pepperと会話している人がどれくらいの距離にいるのか、人が近づきすぎたときは即座にPepperは後に下がり、距離をとって安全を確保したりします。

レーザーセンサーの欠点は光の反射を検知するため、光を通してしまう物質を検知しにくいことです。日常生活で最も身近なものはガラスです。レーザーセンサーだけしか装備していないロボットがあったとしたら、透明なガラスのドアには激突してしまうかもしれません。

赤外線センサー 2基

赤外線センサーはPepperの目にも配置されていますが、脚部にも正面から左右斜めに向けて、赤外線センサーが配置されています。赤外線センサーは人感センサーとしても用いられています。温度変化を検知できることから、周辺と体温の温度差によって人や恒温動物の存在を検知します。

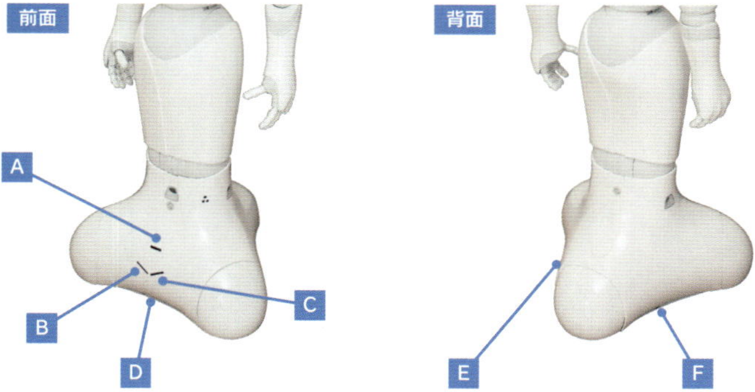

図3-12　レーザーセンサーと赤外線センサーの位置

超音波センサー（ソナー） 2基

超音波センサーはソナーのことです。ソナーは船の魚群探知機や潜水艦で使用しているのを映画などで見ることがあります。超音波は人が聞くことのできない高い音のことで、音は水中でも伝達しやすいので魚群探知機や海洋探査、潜水艦が索敵する際に威力を発揮します。最近は自動車のバックソナーが事故防止に利用されています。原理としては音波の反射や反響を検知していて、ガラスの存在も判別することができます。

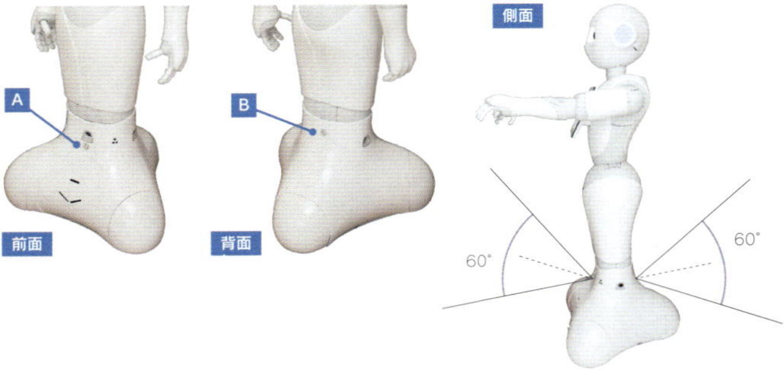

図3-13　ソナー（超音波センサー）の位置

ロボットはセンサーだらけ

スマートフォンにはジャイロセンサーや近接センサーなど多くのセンサーが搭載されていますが、移動できるロボットは安全性の確保からも、より多くのセンサーが搭載されています。Pepperの場合はカメラ、マイクを合わせると実に27基ものセンサーが搭載されています。

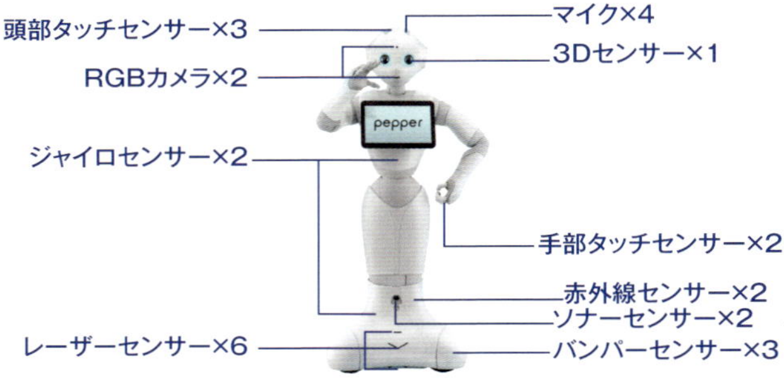

図3-14　Pepperの全身に備わっているセンサー

3.5　Pepperの腕

Pepperの腕には、肩、肘、手首、指を動かすための電動モーターが組み込まれています。

ヒト型のロボットはPepperだけでなく、いろいろなメーカーから発売され始めていますが、指があって動かせるものは稀少です。Pepperは5本の指を持ち、握手をしたり、広告用のティッシュペーパーなどをつかむことができます。とはいえ、各指を別々に動かすことはできず、主にグーかパーが主体です。これは内部で各指をワイヤーでひとつのモーターに繋いで制御しているためです。また握力は約150g程度と少なく、せいぜいスマートフォンを持ち上げる程度のものです。これはPepperはコミュニケーションロボットであり、手や腕は表現するために使うものと割り切って設計しているためです。万が一にも、人に危害を加えないようにあえてチカラのないモーターが腕や握る駆動部に使われていて、さらにソフトウェア制御でも過度な動きを抑制しています。

手の甲にはタッチセンサーがあり、握手したり、手を押さえられたことを感じ取ることができます。

腕に使われている電動モーターはブラシモーターです。Pepperには他に下半身で電動モーターが使われていて、そちらはブラシレスモーターです。双方を比較するとブラシモーターは安価ですが、ブラシレスより耐久性で劣るといわれています。

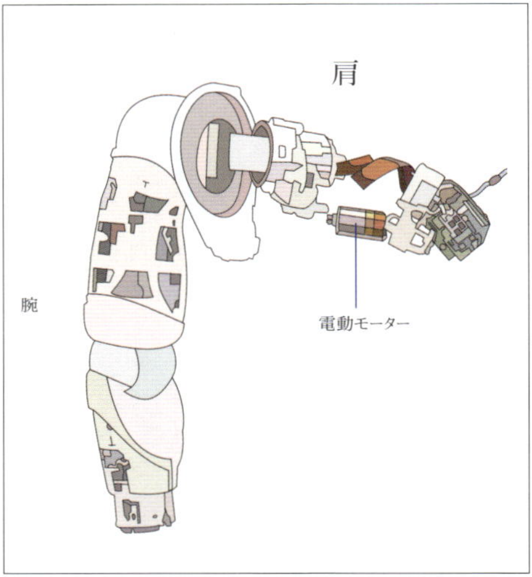

図3-15　肩、肘、手に電動ブラシモーターを内蔵している。

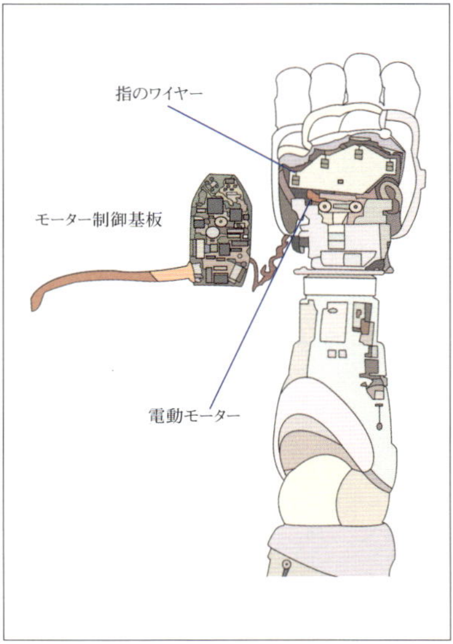

図3-16　手にも電動ブラシモーターと制御基板が内蔵されている。手の甲が押されるとカバーの裏面と基板が接触するためセンサーとして検知する。

3.6　ロボットのしくみ

Pepperの大まかな構造を紹介したところで、もう少しくわしくロボット全般のしくみを見ていきましょう。

前述の「1.1　ロボットとは何か」で解説したとおり、コミュニケーションロボットが続々と登場するなか、ロボットの定義として明確なものはないといっていいでしょう。

たとえば、スマートフォンは頭脳となるCPUやメモリーを持ち、マイク、スピーカーなどの入出力装置、人感センサー、加速度センサー、ジャイロなどの各種センサー類が内蔵され、Wi-Fiやケータイ用電波（3G、4G/LTE）などを使って通信も可能です。これら多くの技術はロボティクスと共通のものがあり、筐体が人やキャラクターを模していたらロボットと呼べるでしょう。

しかし、ロボットらしさといえば、首や手足を動かすための関節や駆動部分があることです。これを「アクチュエーター」（Actuator）と呼びます。ロボットに用いるアクチュエーターの代表的なものが「サーボモーター」です（単に「サーボ」と呼ぶこともあります）。ロボットの関節部分には一般的にサーボモーターが用いられます。

自動車や戦車などのプラモデルを作った経験がある人は車輪を回す電動モーターを使ったことがあると思いますが、そのモーターは電源をオンすると、基本的にはぐるぐると回り続け、車輪を回し続けます。サーボモーターの「サーボ」機構とは位置や角度、方位、姿勢などを制御することを意味します。ロボットの腕を例にすると、ものをつかむ場合、正確に肩や肘、手首の角度や向き等の動きを制御しないとものを上手に取ることはできません。ただ回り続けるだけのモーターではなく、動く範囲や角度、位置を正確に制御しようというのがサーボモーターです。

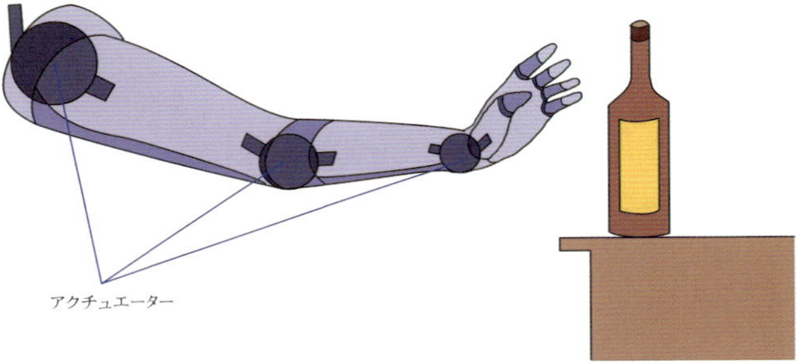

図3-17 ロボットの関節や駆動部分を「アクチュエーター」と呼び、回転量（角度）や向きなどを制御できる「サーボモーター」が用いられる。

3.7 ロボットの移動手段

ロボットの違いが最も大きく表れるのが移動手段です。たとえば、会話だけを機能の重点に置いたロボットの多くは移動することができません。オハナス、ロビジュニア（Robi Jr.）、KIROBO mini、チャピット、ユニボ（Unibo）、ジーボ（Jibo）、アザラシ型のパロなどが該当します。移動する機構は複雑でコスト高だからです。

移動手段で最もシンプルで安定しているのが**車輪型**です。2輪、3輪（2輪＋補助輪）や4輪のタイヤで移動する方式がポピュラーです。移動機構の中では比較的、コストも低く抑えられるため、玩具などにもよく用いられています。車輪型の短所は比較的段差に弱いことです。

図3-18　2輪型ロボット。タイヤ駆動のロボットは基本的に安定性があるが、2輪だけだとバランスを取る必要がある。

図3-19　2輪型に補助輪をつけると安定する。常にバランスをとる必要がなく、転倒のリスクも減る。バッテリーも節約できる。

図3-20 自動車のような4輪型が安定度は高く転倒しにくい。比較的高速での移動にも向いている

Pepperが採用している**オムニホイール型**も車輪型に似ていますが、ボールの回転によって360度どの方向にも移動することができます。ただし、Pepperも1.5～2cm程度の段差しか乗り越えることができません。

図3-21 オムニホイールは直立時に安定していてかつ、原理的には360度どの方向にもこの体勢のまま移動できる。タイヤやボールを使用する方式は段差に弱い。

より段差に強いのがキャタピラー型（クローラ型）です。整地されていない場所の走破性が向上します。

図3-22　段差にやや強く、荒れ地でも進めるのがキャタピラー型のメリット

段差にも強いのが、4足歩行型、2足歩行型です。4足歩行型の利点は安定していることです。直立して静止しているときは4本の脚で支えているのでとても安定しています。段差を越えるときは1本ずつ脚をあげて移動すれば、常に3本の脚が接地しているので転倒するリスクは低減されます。4足歩行が不安定になるのは速く移動するときです。犬や猫の歩行を思い出すとわかりますが、2本の脚を前に出すと接地しているのは2本だけになり、その瞬間はバランスを取らなければなりません。

図3-23 4足歩行型。犬や猫の脚の動きで移動するイメージ。安定度が高く、比較的段差にも強い。2足を上げたときに不安定になるのでその間はバランスをとる必要がある。

最も人間に近いのが2足歩行型です。2本の脚で立ったり、踊ったりすることができるロボットで、Palmi（パルミー）、Robi（ロビ）、ロボホン（RoBoHoN）、NAO（ナオ）などがあります。

直立しているだけでも転倒しやすいのでバランスをとる必要があります。そのためバッテリーの消費が早いのが欠点です。1本の脚をあげると1本のみで接地することになるので、歩行動作時もバランスを崩しやすいのが難点です。すり足に近い状態で、なるべく2本とも脚が接地している状態で歩行する方が安定します。私達が生活する建物や通路、階段など、施設のほとんどは人間が利用しやすいデザインで作られています。そのため、人間と共生するにはヒューマノイドが最も合理的なスタイルですが、技術的な課題は多いのです。

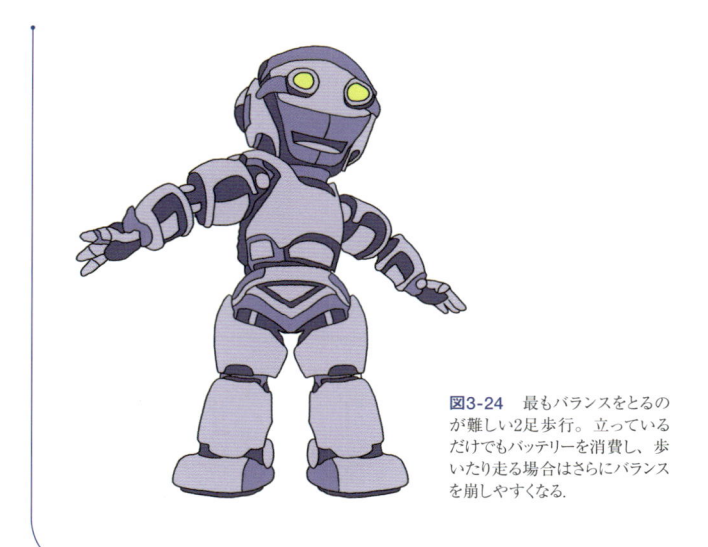

図3-24　最もバランスをとるのが難しい2足歩行。立っているだけでもバッテリーを消費し、歩いたり走る場合はさらにバランスを崩しやすくなる.

3.8　最もシンプルで小さなロボット

最も小さく、シンプルな構造をしているロボットのひとつが「マイクロマウス」です。マイクロマウスは競技名でもあり、そこに出場するロボットの種類でもあります。コンピュータ基板に車輪とモーター、バッテリー等を搭載したもので、形状はロボットというよりラジコンカーの超小型ベース車両のようです。ラジコンと決定的に異なるところは自律的に走行する点です。

マイクロマウス競技は、迷路の始点から迷路中央のゴールまで走行する所要時間を競います。ゴールまでの経路は複数あり、どのルートが早いかはロボットの特性によって異なります。一般に最初の走行はいわば試走で、迷路を解析しながらゆっくりと走行して迷路全体を把握します。2回目の走行からは自分が最適と考えるコースを選択しながらタイムアタックを重ねます。

迷路は約3m四方(正確には18cm × 18cmを1マスとする16 × 16マスで構成)で、高さ5cmの壁で仕切られています。迷路内の走行は、マイクロマウス自身がセンサーで周囲の状況を把握し、コンピュータで思考して迷路を解き、素早くスムーズに走る技術が必要となります。

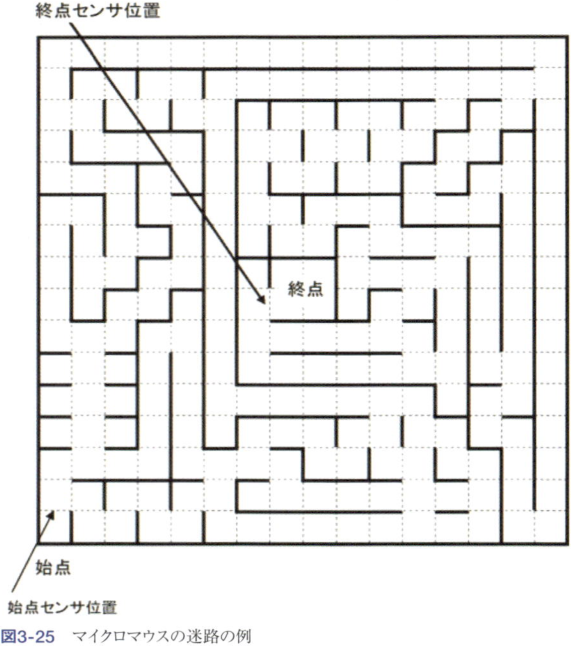

図3-25 マイクロマウスの迷路の例

マイクロマウスには、上級者も参加する「エキスパートクラス」と初級者や入門者の出場を前提とした「フレッシュマンクラス」があります。また、技術の進歩によってマイクロマウスのサイズが小型化したこともあり、普通サイズ(クラシック)とは別に小型の「ハーフサイズ」(迷路と使用するマイクロマウスともにサイズが小さい)クラスが設けられています。

通常は自身で組み上げたりチューンアップしますが、市販のマイクロマウスキットを使用したワンメイクレース「マイクロマウスキット大会」もあります。

車輪を回すモーターは電動のDCモーターやステッピングモーターが用いられます。

図3-26　3種類のマイクロマウス。左からラズパイマウス(次節で解説)、マイクロマウス・ハーフサイズ、右の赤い基板がマイクロマウス「Pi:Co Classic3」(クラシック)。　(写真と情報協力:株式会社アールティ)

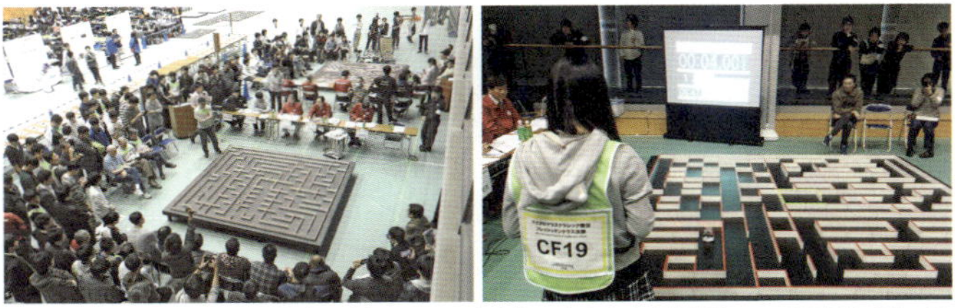

図3-27　マイクロマウス競技会の様子。この迷路をロボット自身が解析し、一番速くたどりつけるコースを計算で見つけだして、最終的には凄まじい速さで駆け抜ける。(写真提供:公益財団法人ニューテクノロジー振興財団)

3.9 ラズベリーパイとロボットの最小構成

主に学校などで教育用に使われているシングルボードコンピュータに「ラズベリーパイ」(Raspberry Pi) があります。シングルボードコンピュータとは、一枚のコンピュータ基板にCPU (中央演算装置) やメモリ、各種インタフェース等を搭載したものです。ラズベリーパイは略して「ラズパイ」と呼ばれます。

CPUにはスマートフォンでも使われている「ARM」(アーム) プロセッサが搭載され、パソコンと比べると性能は劣るものの、同種の機能が小さな基板1枚に詰め込まれているといえます。

株式会社アールティは、このラズベリーパイを使って、前頁で紹介したマイクロマウス・ロボット「Raspberry Pi Mouse V2」を製品化しています。コンパクトでも高性能な走るロボットに搭載されているパーツや機能を見るとパソコンの機能がギュッと詰め

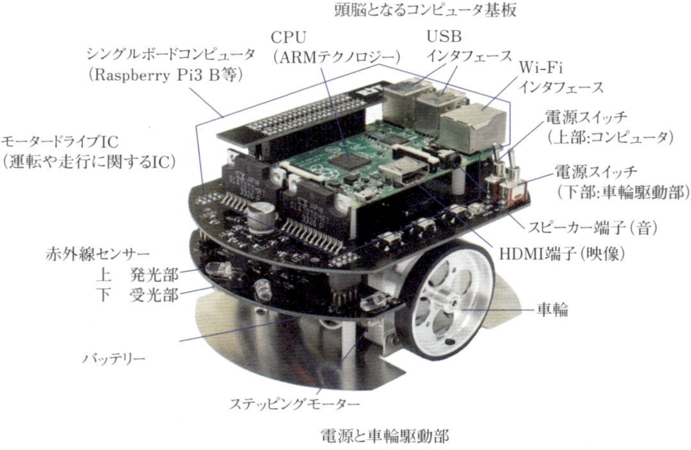

図3-28 Raspberry Pi Mouse V2 フルキットの外観とパーツ
(株式会社アールティ)

込まれていることがわかるとともに、ロボット技術の基礎、最小構成の例を見ることができます。

・頭脳（シングルボードコンピュータ）

世界的に教育用などに使われている「Raspberry Pi」を搭載。形式は「3B」や「2B」など。コンピュータのマザーボードのようにCPUやメモリ、各種インタフェースが搭載されている。USBを経由してカメラやマイクなどさまざまな機器を接続して拡張することができる。

・電源

電源は上（頭脳部）と下（車輪モーター部）が独立してスイッチが設けられ、オン／オフが可能になっている。開発やメンテナンス時の事故予防などに便利。

・センサー（目）

迷路の解析や周囲の状況をするための「目」となるのがセンサー。赤外線センサーは発光部から赤外線を発し、物体に反射して戻ってきたものを受光することで周囲とロボットの距離を計測する。そのため発光部と受光部が一対となって装備される。この製品の場合はボードを挟んで上下に配置されている。赤外線は家庭用機器のリモコンや携帯電話の赤外線通信等にも用いられ、通常は人に見えない不可視光線だが、赤外線カメラや暗視カメラ等では認識することができる。

・モーター（脚）

モーター駆動部はバッテリーを中央に配置し、ステッピングモーターで車輪を回して移動する。各車輪にモーターが配置され、左右どちらかを駆動することで進行方向の微妙な向きを制御できる。

3.10　関節とサーボモーター

マイクロマウスがロボットの最小構成といいましたが、マイクロマウスには車輪はありますが、ロボットに多く用いられている関節がありません。腕の形状をしたロボットアームや人型ロボットにはこの関節の存在が重要です。関節の動作は車輪と同様にモーターを使います。では、どのような形状のモーターが入っているのでしょうか。

たとえば、右頁はイベント「Japan Robot Week」で展示されていたTHKのロボットアームですが、6種類、8個のアクチュエーター（モーター）が使われています。各関節がどの方向に動くかは「1.4 産業用ロボットアームと自由度」の項で解説したように「自由度」として数値で表わされ、自由度の数値が大きいほどスムーズに滑らかに動作することができます。

前述のとおり、関節を曲げたり、回転させる装置を「**アクチュエーター**」と呼び、アクチュエーターを動作させるために使うモーターを「**サーボモーター**」と呼びます。

「サーボ」とはギリシャ語の「Servus」（奴隷）を語源にしていて、命令に対して忠実に動作するという意味で使用されます。すなわち、ただ回るだけのモーターに対して、速度を変えたり、指定した位置まで回ったり、戻したりといった「制御が可能」なモーターを「サーボモーター」と呼んで区別しています。

このロボットアームの関節を見てわかるように回転する機構と

図3-29　ロボットに使われているアームの例。6種類、8個のアクチュエーター（モーター）で構成。

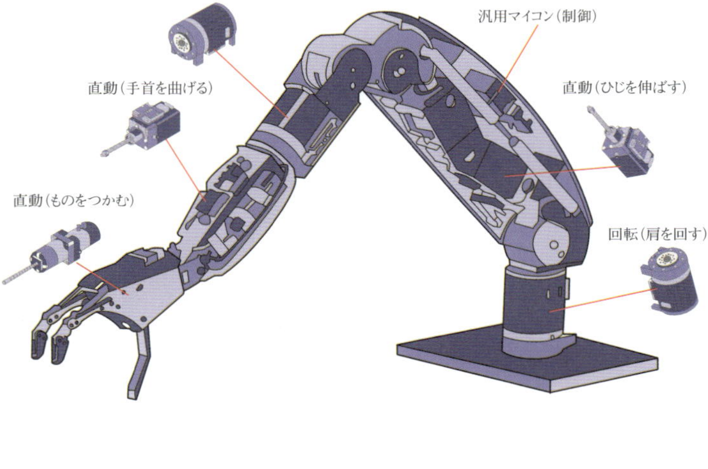

筋肉のように伸び縮みする機構が必要です。モーターは回転させるイメージが誰しもあると思いますが、伸び縮みはどのように行うのでしょうか。モーターが回す力をボールネジとナットを使って伸び縮みする機構を作っています。このようにアクチュエーターには「**回転アクチュエーター**」と「**直動アクチュエーター**」があります。

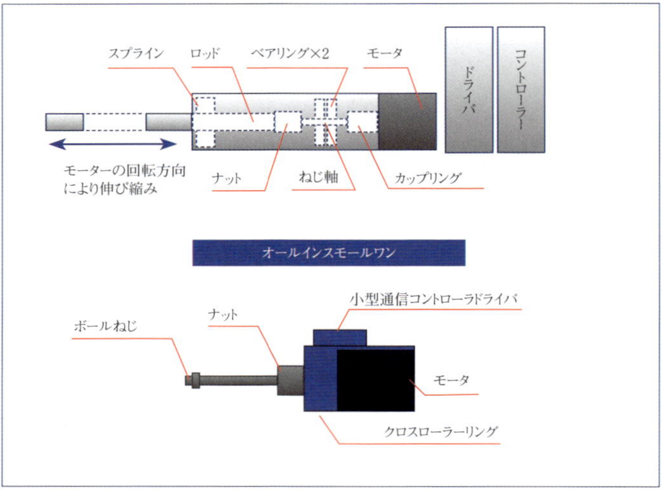

図3-30　直動アクチュエーターのしくみ。モーターの回転をボールネジとナットで伸び縮みの動作へ変換する。（資料協力：THK）

3.11　ロボットが指を動かす構造としくみ

アクチュエーターと組み合わせて、ロボットの稼働をどのように実現するかはさまざまな方法があります。また、ロボットにどのような機能や性能を求めるかによって構造が異なったり、モーターに必要な性能が変わります。

たとえば、ロボットの指はどのように動かすのでしょうか。Pepperのような会話ロボットの場合、指は開いたり閉じたり、

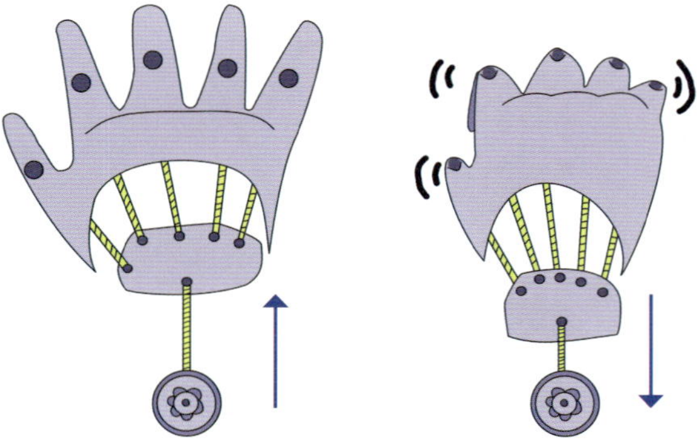

図3-31　ワイヤーを解放するとパー、巻き取るとグーになる構造の例

表現するために使うので、各指が独立して動いたり、大きな握力は必要ありません。その場合はすべての指をワイヤーパーツで繋ぎ、糸巻きの要領で回転アクチュエーターを使ってワイヤーを引っ張ることで指をたたんだグーができるように設計することも一案です。スプリングなどでパーを標準の状態にしたり、回転を逆回しして別のワイヤーを引っ張るとパーになる機構を設ければ、アクチュエーターは1個でグーとパーを制御することができます。ただし、特定の指だけを単独で動かすことはできません。

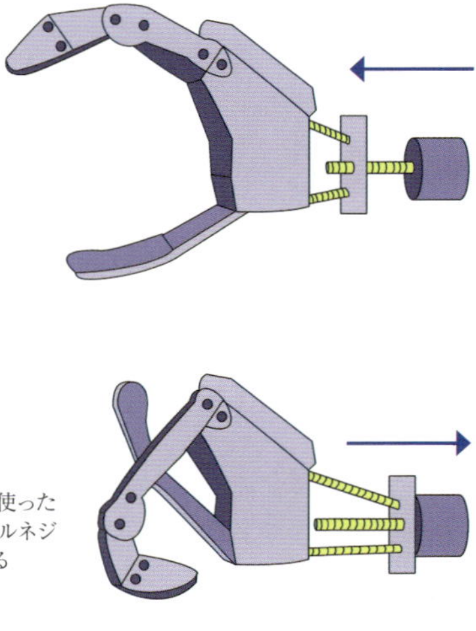

図3-32　直動アクチュエーターを使った構造の例。モーターの回転でボールネジを回してリンケージを引くと指が閉じる

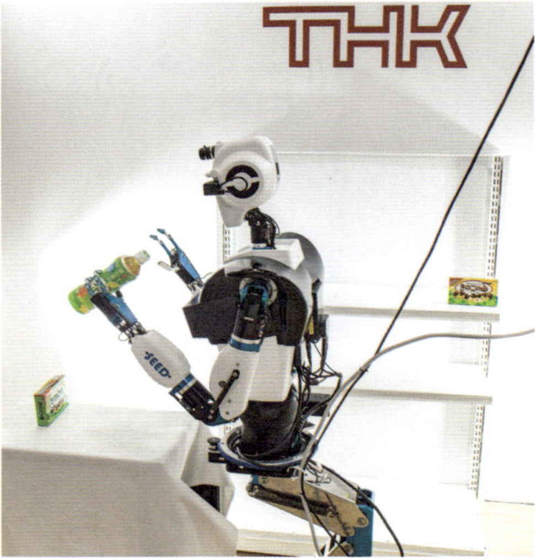

図3-33 ロボットを使って商品を識別し、商品棚に仕分けして並べるデモンストレーション（THK）

モノを掴んだり、運んだりするロボットアームの場合はある程度の握力が必要です。たとえば、直動アクチュエーターと各指をリンケージ（リンク）やアジャスターと呼ばれる棒状のパーツ等で接続することで、ボールネジ（送りねじ）の伸縮に応じて指の開き具合、握り具合を制御することができます。また、このような構造を採用すると握るのに適した「硬い関節」を作ることができます。この構造ではアクチュエーターは1個で構成できますが、各指を独立して動かすことはできません。

3.12　サーボモーターとトルク

ロボットの指といっても前述の2つの構造は目的も構造も大きく異なっています。構造のほかに「モーターが必要な力（パワー）」も異なります。ワイヤーを巻く力とビンを持ち上げる力、空き缶を握りつぶすのに必要な力がそれぞれ異なるように、モーターが必要な力も変わってきます。この力を一般に「**トルク**」と呼びます。サーボモーターは「トルクを制御する」モーターでもあり、最大出力が大きい（力のある）モーターを「トルクが大きい」（ハイトルク）等と表現します。モーターメーカーがさまざまな種類の製品を用意しているのは、大きさやトルクが異なるさまざまなモーターが必要とされているからです。

トルク表記の単位は産業用とホビー用とで異なっていたり、メーカーによってもさまざまですが、国際単位系では「N･m」（ニュートンメートル）を使い、ホビー用サーボモーター等には「kgf･cm」（キログラムセンチ）が用いられています（ネジ等を締めるときの「締め付けトルク」にも用いられている単位です）。kgf･cmは1cm先で何kgのものを持ち上げられる力か、という意味です。5kgf･cmの場合は1cm先で5kgのものを持ち上げられる性能という目安になります。

デアゴスティーニの大ヒット商品として知られるヒト型ロボッ

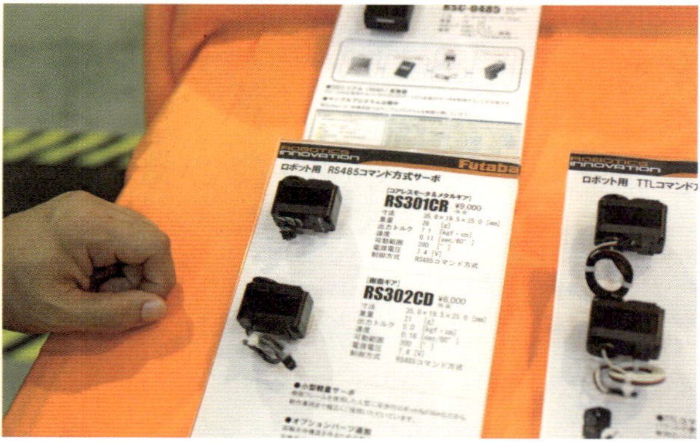

図3-34　ホビー用サーボの例（双葉電子工業）。同サイズでトルクが5.0kgf・cmの「RS302CR」とトルクが7.1の「RS301CR」が用意されている。

図3-35　ロボットの上半身の腕（肩）部には「RS302CR」（トルク5.0）がこの方向で組み込まれる。

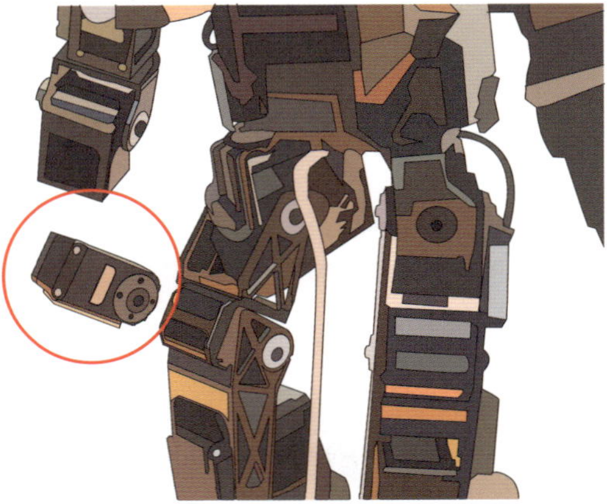

図3-36　ハイトルクが必要な下半身のひざ部には「RS301CR」（トルク7.1）がこの方向で組み込まれる。

ト「ロビ」(Robi)には、20個のサーボモーターが使用されています。20個のモーターはすべて双葉電子工業の「RS304MD」(RS308MD)です。ラジコン用サーボとして定評のあるモーターですが、ロビの首や手、通常は負担が大きい下半身もこのモーターがカバーできることを示しています。共通の部品を使用することで部品管理を含めた生産コストの削減にも効果があります。また、ロビは組み立て式の製品のため、ユーザーが万が一、モーターを間違って組み付けても共通部品なら問題にはならないという利点もあります。

図3-37　ロビにはトルクが5.0kgf・cmの「RS304MD」（RS308MD）というサーボモーターが共通で20個使われている。腕にはこの方向で組み込まれる。

3.13　電動サーボモーターのしくみ

ここまで紹介してきたモーターは電池やバッテリーで動作する電動サーボモーターです。ホビーロボットや産業用ロボットで多く利用されています。設計がシンプルで小型化も可能です。

ロボットの肩や肘等に取り付けたモーターは、正確な位置でピタリと止めることが重要になりますが、このような機構を持ったものを「位置決め機能（位置決め制御）」付きモーターなどと呼び、監視するセンサー機構を「エンコーダー」（回転状態検出用の「検出器」）といいます。

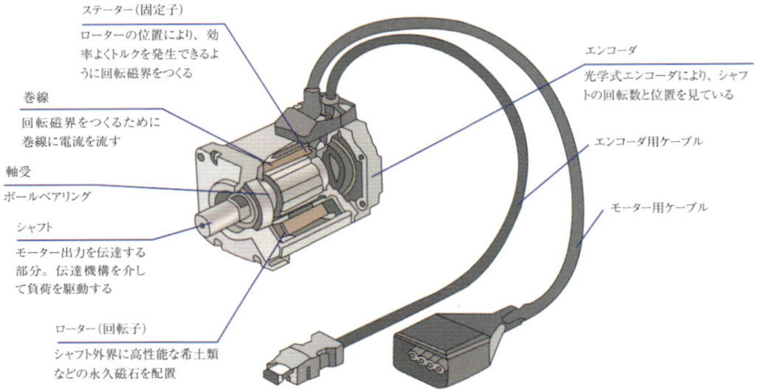
ステーター（固定子）
ローターの位置により、効率よくトルクを発生できるように回転磁界をつくる
巻線
回転磁界をつくるために巻線に電流を流す
軸受
ボールベアリング
シャフト
モーター出力を伝達する部分。伝達機構を介して負荷を駆動する
ローター（回転子）
シャフト外界に高性能な希土類などの永久磁石を配置
エンコーダ
光学式エンコーダにより、シャフトの回転数と位置を見ている
エンコーダ用ケーブル
モーター用ケーブル

図3-38　サーボモーターのしくみ（参考：オリエンタルモーター https://www.orientalmotor.co.jp/tech/reference/servo_motor01/）

また「**ステッピングモーター**」（パルスモーター）を使用する場合もあります。たとえばカメラのレンズ機構にも用いられることがあります。ステッピングモーターは入力したパルスの数に応じて回転するモーターで、入力するパルス数で位置決めを制御することができます。

サーボモーターには構造上の違いから「**ブラシモーター**」と「**ブラシレスモーター**」があり、ブラシモーターは使用とともに内部の部品が摩耗するのに対して、ブラシレスモーターは摩耗しない構造のため、メンテナンス性にすぐれています。しかし、ブラシレスモーターの方が価格が高いのが一般的です。Pepperの場合は、比較的交換がしやすいブラシモーターを上半身に採用し、交換がしづらい下半身には高価ですが摩耗せず信頼性の高いブラシレスモーターを採用しています。

3.14　空圧サーボと油圧サーボ

ホビーロボットでは電動サーボモーターが一般的ですが、ロボットに利用されているモーターにはそのほかに、**空圧、油圧、水圧サーボ方式**があり、ロボットには空圧と油圧がよく用いられます。

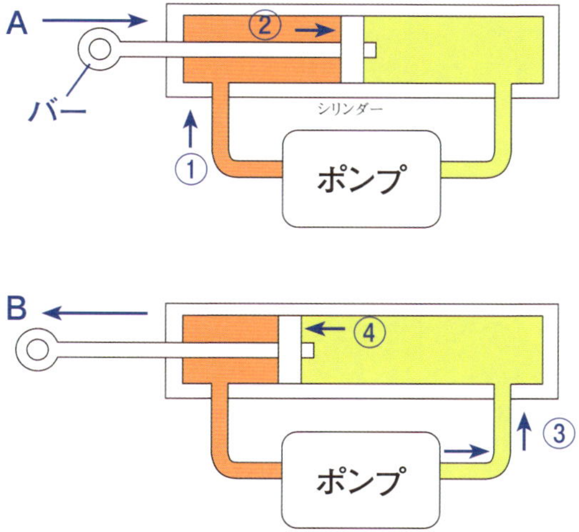

図3-39　シリンダーの左側に空気や油を送り込むと、バーを引くチカラ（A）が働く。シリンダーの右側に送り込むと、バーを押すチカラ（B）が発生する。

空圧は文字通り空気の圧力を、油圧は油の圧力を使って力を発生する方法です。細かくはいろいろな方式がありますが、学習するのに適したシンプルな構造の「**シリンダー方式**」では、しくみは下記のようになります。

シリンダーに出入り口（ポート）がひとつのみのものもあり、その場合は、空気や油を注入（ON）してB方向に、抜く（OFF）ことでA方向にチカラを得ることができます。

以前は空圧や油圧サーボは精密な動きの制御が困難でしたが、

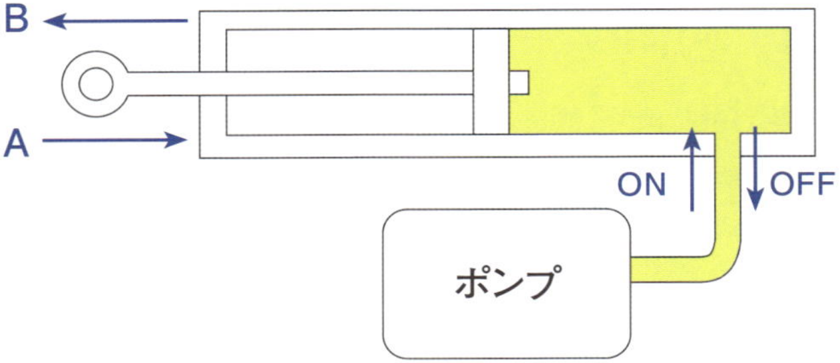

図3-40　シリンダーに空気や油を送り込むとバーは押され、抜くとバーには引くチカラが生まれる。

最近は技術の発達によって精密に動作することも可能になりました。

空気や油の圧力をON/OFFするのにはポンプが必要です。このポンプを「コンプレッサー」と呼び、サーボモーターとは別に用意する必要があります。ポンプやコンプレッサーにもさまざまな種類がありますが、本書ではくわしくは触れません。解説は専門書に譲ります。

電動サーボと比べて空圧や油圧のサーボの利点はトルクが大きいことです。特に身体が大きなロボットはラジコンやホビーロボット用に開発されたサーボではパワーがまるで足りません。

例としては、等身大の人間や、巨大な恐竜を模したココロ社の「アクトロイド」は空圧サーボを採用しています。

図3-41　人間そっくりなアクトロイドはマスコミのカメラも興味津々。サンリオのグループ企業ココロが開発している、空圧で動作する。

空圧サーボの特徴

空圧サーボはエアサーボとも呼ばれますが、顔の表情や唇の動きの変化など、滑らかでリアルな動作を作り出すことができます。また、電動モーターと比較すると、発熱が少ない、モーター駆動音が小さいという利点があります（ただし、モーター駆動音の代わりにプシューという空気の注入/排気音がします）。これはコンプレッサーを使ってエアサーボのシリンダー内に空気の出し入れを行う際に発する音です。外部に大きなコンプレッサーを設置する場合が多く、その場合はロボットの移動は著しく制限されます。その関係上、アクトロイドはとてもリアルな動きをしますが、大きく移動しません。（コンプレッサーは発電機のようなものです。稼働音も大きいので、イベント会場では来場者から遠く離れた場所にコンプレッサーを設置して、ホースでロボットに繋いで温のかかった空気を送り込みます）。

油圧サーボの特徴

油圧サーボはオイルポンプによる油圧を使って駆動し、ブルドーザーなど、工事現場の重機のアームなどにもよく用いられます。最大の特長は大きなチカラ（トルク）が得られることです。短所は油漏れなどのトラブル時にロボットが損傷したり、周囲が汚れたり、修復や洗浄のコストがかかることです。

身長が約4mもある巨大ロボット「クラタス」（水道橋重工）は油圧で動いています。車輪を搭載して移動をも前提としているクラタスは自動車と同様にエンジンにコンプレッサーを搭載することで油圧ポンプを稼働しています。（ロボット自体にコンプレッサーを内蔵しています）

図3-42　水道橋重工が開発した巨大ロボット「クラタス」。重量約5トン、身長3.8m。駆動方式は油圧。（suidobashijuko.jp）

3.15　ロボットの基礎技術まとめ

ここでロボットの基礎技術についておさらいをしましょう。

骨格

どんな役割のロボットを作るかによって、骨格や基本の構造はとても重要です。二足歩行型か車輪型が、据え置き型か、ヒト型か、腕は何本か、どのくらいの精度で動かす必要があるか、などです。

図3-43　ロボットの外観は目的や用途によって決まる。人型ロボットとロボットカーではできることがまったく異なるはずである。

カメラとセンサー

ロボットの目になるのは「カメラ」です。人間がそばにいるか、それは誰かなどを認識します。

図3-44　物体を識別したり、人の存在を検知するのにはカメラが有効。今の技術では、人の認識はロボット単体で5～20人を記憶して識別できる。クラウドと連携すると100人以上を見分け、それぞれ個々人ごとに情報を記憶として蓄積していくことができるシステムもある。

ただし、ロボットの場合、目となるのはカメラだけではなく「センサー」も重要な役割をします。壁や障害物などの周囲の状況を把握するのは主にセンサーの役目です。センサーには電波を飛ばして反射したものから測定して周囲の情報をつかめるものがあります。赤外線、音波、レーザーで、電波の周波数によって特性が変わってきます。

業務用ドローンや自動運転車等に採用されているレーザーセンサー（RIDER）の場合、秒間で50万発ものレーザーを周囲に幅広く放射して、地形を読み取ったり状況を把握することができます。

図3-45　レーザーセンサーでは、周囲や特定の範囲を秒間50万発以上のレーザーを発射して周囲の地形や障害物、その距離をリアルタイムで検知する。これを「LIDAR」（Laser Imaging Detection And Ranging:ライダー）と呼ぶ。

センサーは自身の身体の傾きや振動（衝撃）を把握するのにも使われます。「慣性ユニット」と呼ばれ、ジャイロセンサー（角速度センサー）や加速度センサーなどがあります。どちらもスマートフォンやゲーム機、コントローラ等に内蔵されているのでお馴染みかもしれません。技術はかなり昔から開発されていましたが、これほど普及した理由は、MEMS（micro electro mechanical systems）と呼ばれる半導体製造技術が進んだためです。簡単に言えば、機械的な機構と電子回路を一体化した基板にしたものです。小型・安価で多くの機器に装備できるようになりました。

検出できるものは、ヨー軸・ピッチ軸・ロール軸による傾きです。これらはよく飛行機の傾きに例えられます。

・ヨー軸
上下を軸として水平方向の回転
（機首を左右に振る）

・ピッチ軸
左右を軸として上下の回転
（機首が上下する）

・ロール軸
前後を軸として回転する
（左右の翼が上下する）

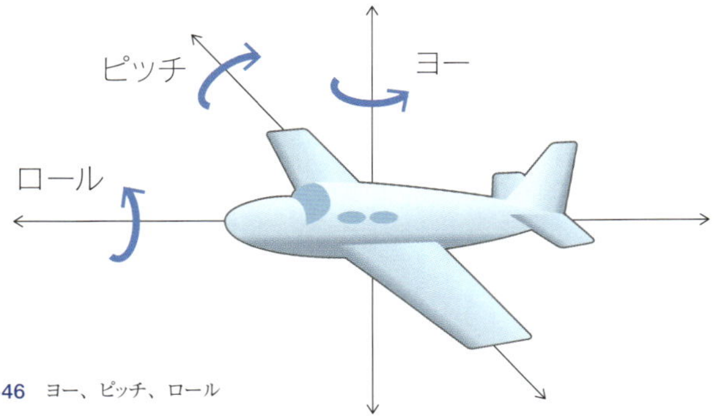

図3-46　ヨー、ピッチ、ロール

これらを検出することで、ロボットの身体や顔、手足等がどの程度傾いているのかを把握します。また、ぶつかった、叩かれた(押された)場合の衝撃なども検知することができます。

関節部にはサーボモーターが内蔵されています。小型のロボットは電動サーボモーターが使用されていますが、大型のロボットには空圧や油圧サーボが使われる場合があります。

OS(オペレーティング・システム)

パソコンには「Windows 10」や「macOS」、Linux系などのOS(オペレーティング・システム)があり、スマートフォンにも「iOS」や「Android」があるように、ロボットにもOSが必要です。

一般に知られているコミュニケーション・ロボットで言うと、ソフトバンクロボティクスの「Pepper」は自社開発(旧アルデバラン)の「NAOqi OS」(ナオキ)が使われています。また、シャープの「ロボホン」(RoBoHoN)やMJIの「Tapia」(タピア)等は、Googleの「Android」を搭載したロボットも増えてきました。

しかし、ロボットの場合、OSはパソコンとは少し位置づけが異なります。次章は少しくわしく、OSについて解説します。

第4章

ロボットのソフトウェア

4.1 ロボットのOS

ロボットの頭脳はコンピュータと同様にCPU(中央演算装置)が中心になって考えたり行動を制御したりします。

人間を検知し、相手の目を見て流ちょうに会話をするのも、手を伸ばしてペットボトルをつかむのも、センサーからの情報を得てバランスを取ったり、移動したり、とどまったり、さまざま能力が必要ですが、それらを制御しているのはソフトウェアです。そうしたロボット向けのソフトウェアとしては、「ROS」(ロス)や「NAOqi OS」(ナオキ・オーエス)、「V-Sido OS」(ブシドー・オーエス)などが知られています。

ここに挙げた3つのソフトウェアは、いずれもロボットのOS(オペレーティングシステム)と呼ばれることがあります。パソコンにくわしい人は、OSといえば前述のようにWindowsやMac OS、Linux、Androidなど、基本ソフトを思い浮かべると思いますが、ロボットの世界ではパソコンとは少し異なります。というのも、実はまだ、「ロボットのOS」といった言葉の定義ははっきりと決まっていないのが実情なのです。

たとえばROSはRobot Operating Systemの略称ですが、実体はロボットソフトウェア開発のフレームワークで、主に開発用のライブラリとツールで構成されています。またROSは世界最大規模のコミュニティがあることも特徴で、世界中のさまざまなロボットが対応しています。NAOqi OSはPepperでも使われているOSで、Linuxをベースにして NAOqiフレームワークというロボット制御のフレームワークが組み込まれたものです。V-Sidoはロボットを制御するためのソフトウェアで、Windowsアプリケーションや電子基板上のプログラムといった形で実装されています。

このように、同じ「ロボットのOS」と呼ばれるソフトウェアでも、その役割や範囲は大きく異なっているのです。

ここでは、国産のソフトウェアであるV-Sidoを例に、ロボットのOSについて説明します。V-Sidoは、ロボットのバランスや手足の動きなど、文字通り「オペレーション」(操縦や運転)を制御するソフトウェアです。たとえばドール型など実際の人間の形状に近いロボットにダンスを踊らせようとした場合、そのロボットが手足を動かすと通常はすぐにバランスを崩して転倒してしまいます。V-Sidoを用いると身体全体のバランスを自動で制御することも可能で、転倒しないように瞬時にポーズを調整しながらダンスを続けることができます。

図4-1　アスラテックが開発した「V-Sido」。ロボットドールの関節部分の各サーボを制御し、ユーザが指示したダンスを継続するのにはどのようにバランスをとって動作する必要があるかを計算して制御する。

OSの役割は、操縦するロボットの場合は操縦者の意図した動きを、自律ロボットの場合はロボット自身が判断した動きを、できるだけ正確に実現することです。前述のように、バランスをとるなどのロボットの姿勢の制御は、本来は細かく開発者がプログラミングする必要がありますが、OSが自動でバランスを制御してくれれば、開発コストが大幅に軽減されます。

また、少し話は変わりますが、パーソナルロボットがあたかも生きているかのように感じるのは、ロボットがひとりでいるときに、キョロキョロと周囲を見回したり、ため息をつくような仕草をするなど、人間やペットなどがしている自然な振る舞いや、あまり意味をもたない何気ない動きをしたときです。Pepperではこれを「**オートノマスライフ**」(Autonomous Life)と呼び、OS上でオン/オフを切り換えることができます。オンのときは、退屈だとため息をつく、キョロキョロとする、窓の外から見える空を見上げるなど、ロボットには不必要な仕草をあえて行なうことで、より人間らしさや、生物らしさを感じさせる要素を演出しています。ただし、ロボットが仕事中に退屈そうな態度や仕草を見せるのは良いとはかぎりませんので、オフのコマンドが用意されているのです。

図4-2 ロボットがあたかも生きているように感じるのは、仕事中よりも何もしていない、暇そうなときの仕草。窓から外の空を見上げるPepper。

4.2　ロボット制御ソフト「V-Sido」

ロボットは転倒すると、場合によっては周囲の人のケガやロボット自身の深刻な損傷に繋がります。そのため、移動するときはもちろん、手足を動かしたり、踊ったりする際も慎重にバランスを保ち、転倒を防ぐ必要があります。人間でも片方の脚を上げて立つ際には、膝や腰を曲げたり、手を拡げて身体のバランスを意識することがありますが、ロボットも同様です。

また、外部からのチカラで押されたり、何かとぶつかるなど、急激な姿勢変化にも即座にバランスをとって転倒しないように姿勢を制御することも大切です。転倒を予測した場合には、今度は壊れないように関節のモーターを瞬時にオフにして衝撃に供えることで、転倒時の損傷を軽度にする必要があります。

ロボットの場合はそれを制御するソフトウェアが必要になります。またPepperでは、「オートノマス」の機能の1つとして実装されています。

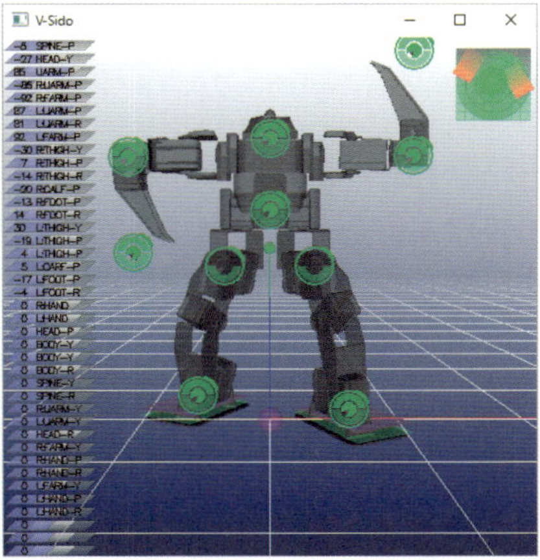

図4-3　V-Sidoによる姿勢制御の例。関節に組み込まれたサーボモーターを制御して、転倒を抑制したり、バランスを保って踊ること等が比較的簡単な設定で可能となる。

最も知られているロボット制御ソフトウェアの1つが「V-Sido」です。最大の特徴はロボットの大きさに左右されず、どんなサイズのロボットにも活用できることです。身長60cmくらいのドール型ロボット「SE-01」(佐川電子製)、建機や重機を操作するヒト型ロボット「DOKAROBO」(富士建製)、人間そっくりな「アクトロイド」(ココロ製)、そして身長4m級の巨大ロボット「クラタス」(水道橋重工製)、トランスフォーマーのような変形ロボット「J-deite Quarter」(ジェイダイト・クォーター。BRAVE ROBOTICS製)等、さまざまなロボットに採用されています。ロボットを駆動したり関節に使用しているサーボモーターの種類も問いません。電動はもちろん、空圧や油圧でも制御できます。

開発しているのはソフトバンクグループのアスラテックです。

4.3　インタビュー：V-Sidoの開発者 吉崎航

日本にはロボット工学の優秀な研究者はたくさんいます。一方で、ロボット制御ソフトウェアの技術者はそれほど多くはありません。その中でも業界でよく知られている技術者のひとりが吉崎航氏です。

前項で紹介したアスラテック社チーフロボットクリエイターをつとめ、「V-Sido」を発案・開発したリーダーです。経産省関連のプロジェクト「未踏IT人材発掘・育成事業」(以下「未踏」)に採択され、その成果によって経産省から「スーパークリエータ」に認定されています。吉崎氏は著者のインタビューに対し、ロボット制御にかかわる気持ちを次のように語っています。

吉崎：アニメの影響などがあって、小さいころからロボットが好き

図4-4　ロボット制御ソフトウェアでは日本を代表する技術者の吉崎航氏。子供のころの夢が、現実から未来へと続くロボット技術を支えている。

でした。中学生のころの自由研究のタイトルが「巨大ロボットはどこまで実現できるか?」というもので、30～40cmくらいのロボットを自作しつつ、「このロボットをこのまま10倍にしたら何が起こるんだろう?」と計算をして実現性をはかっていました(笑)。

いま考えれば稚拙な計算ですが、でもその結果、18mのガンダムはまだ今の技術では難しいけれど、最近の技術を使えば8mのパトレイバーなら計算上は歩けるにちがいないと思い込んでしまったわけです。そうなると技術的に足りないのはなんだろうと考えた末、「制御するソフトウェアが足りない」という結論になりました。

また、ロボットアニメの主人公を見て、「たった2本の操縦桿で巨大ロボットが操縦できるのは"アニメの世界"だからだ、実際にはそんなことできるわけない」と、大人になるにつれて普通の人は考えると思いますが、わたしはそうではなく「操縦桿2本で本当にロボットを動かすにはどうしたらいいだろう」という思いがずっとありました。言わばそれを実現しようという思いが「V-Sido」には詰まっています。

V-Sidoはサイズにかかわらずどんなロボットでも制御できるソフトウェアをめざしています。実際に身長30cmのホビーロボットから等身大のロボットまで開発に携わり、今では4m級のクラタスを制御する機会を得ました。さらには、人間が乗れる「J-deite RIDE」(ジェイダイト・ライド)の制御の開発も行ないます。人型(ロボットモード)と車型(ビークルモード)に完全変形できる全長約4m級のトランスフォーム型ロボットです。V-Sidoではロボットとクルマの変形、ロボットの制御だけでなく、クルマの走行時の制御も行います。

ロボットの操作や操縦についても、さまざまな方法に対応していることが「V-Sido」の特長です。クラタスでは操縦席に乗って操縦しても、コントローラを使って外部から操縦しても、どちらでもロボットを操作できます。考え方の基本は遠隔操縦であり、ロボットに搭乗したときはゼロ距離遠隔操縦だという考えに立っています。

そのため遠隔からは多彩な操作方法が可能です。マウス操作やスマートフォンのアプリで操作できるように開発することもできます。また、人間の動きに合わせて、ロボットがまったく同じように動作したり、手元の人形にポーズをとらせると別のロボットが同じポーズをとるトレース操作なども開発できます。

子供のころに感じた「操縦桿2本でロボットは動かすことができるのか」という疑問は、今では「マウス一個でも、たとえ棒1本でもロボットは動かすことができる」という思いに結実しています。

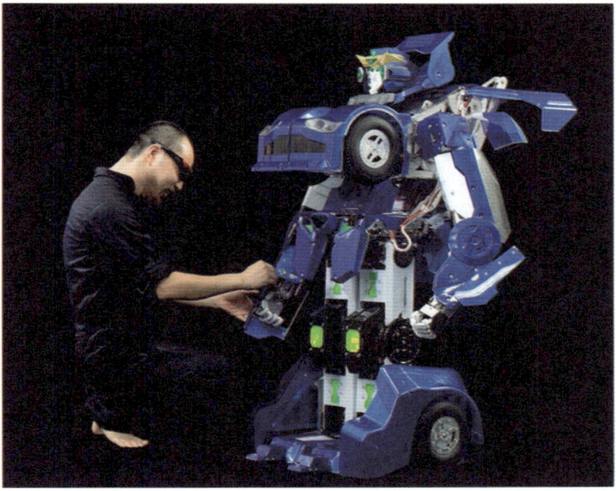

図4-5　身長約1.3mの変形ロボット「J-deite Quarter」。ヒト型では2足歩行、クルマ型では車輪による走行で移動することができる。現在は人が乗れる4m級のJ-deite RIDEの開発に着手。人物はロボット建造師でBRAVE ROBOTICS代表の石田賢司氏。

図4-6　V-Sidoの特長をわかりやすく伝えるためにつくられたアスラテック製のコンセプトモデルのロボット「ASRA C1」（アスラ・シーワン）。NHK Eテレのテレビ番組「サイエンスZERO」にも出演した。ハードウェアのフレームはアールティ製「RIC90」がベースモデル。

4.4 インタビュー：これからロボットをはじめたい人へ　アールティ 中川友紀子

人型ロボットやロボットアームの技術開発で知られ、オンラインショップを運営する株式会社アールティの代表取締役、中川友紀子氏に「これからロボットをはじめたい人へ」のメッセージを頂きました。

中川氏は、研究者からスタートし、本田技研工業以外では初となる「ASIMO」（アシモ）のオペレーターをつとめ、日本科学未来館で2足歩行ロボットのイベントを企画したり、安全ガイドラインやプレゼンテーションのシナリオ等を作成するという経歴を持っています。さらに2015年は、ロボハブ（海外のロボット情報コミュニティ）による「ロボティクスで知っておくべき世界で25人の女性」に選ばれました。

図4-7　株式会社アールティの代表取締役社長の中川友紀子氏。いっしょに写っているのはアールティのマスコット「ネコ店長」。同社の着ぐるみ用エンタテインメントロボット「RIC90」がベースになっていて、専用コントローラやパソコンで操縦し、歩行したり会話することができる。

中川：「家庭でロボットとくらしてみたい」と考える人たちにとって、デアゴスティーニ・ジャパンの「ロビ」（Robi）はピッタリなロボットだと思います。パートワーク方式で作る楽しみも味わうことができる製品ですね。

手軽に電子工作をはじめてみたいと思うなら「ライントレース・

ロボット」などのロボット工作キットという選択もあります。赤外線センサを搭載していて、ラインに沿って走ります。S字コースや8の字コースなど複雑なラインもトレースでき、それでいてパソコンによるプログラミングなども必要ないものが多いので、すぐに始められて楽しいと思います。2〜3千円程度で購入できます。CPUがないのにトレースできることで、逆に「知能とは何か?」を考える機会になると思います。知能は脳に該当するものがあるかどうかではなく、ライントレースや虫のような動きであっても、人間が「賢い」と感じたとき、それは知能と呼べる、そんな体感ができるのではないでしょうか。

もしロボット・クリエイターや技術者をめざして、技術も学びたいと思うなら、マイクロマウスから始めるのがオススメです。プログラミングやセンサー、ハードウェアの基礎技術を学んだり、生涯を通じて楽しむことができます。また、競技に出場して腕試しすることで技術の向上に繋がります。

開発や勉強、研究の入門用としては「Raspberry Pi」（ラズベリ

図4-8　「ライントレース」ロボット工作キットの例。（ヴイストン社製）

ーパイ、小型コンピュータ）があります。イギリスでは多くの中学生に教材として配布されています。Raspberry Piは、コンピュータの基礎技術が詰まっているので、ロボット技師としての基礎を学ぶ良い教材になっています。技術的にはARMベースのマイコンが使われ、開発環境はすべて公開されています。ロボット開発で有名なLinuxベースの「ROS」（Robot Operating System）を学んだり、周辺装置を制御するソフトウェア「デバイスドライバー」等を使ったり、作ったりするきっかけにもなります。ロボットの移動や画像処理など、重要な要素技術も学ぶことができます。

先ほど知能の話をしましたが、人工知能や知能ロボットを学んだり体感するのにもマイクロマウスは最適な入口です。マイクロマウスは人工知能とマイコンの実世界応用、人工知能を教えるためのツールとして開発された競技という経緯があります。迷路を探査して最も早くゴールにたどりつく道を人工知能を使って導き出すのです。日本のロボットだけでなくメカ系、電装系のトップエンジニアはマイクロマウス経験者であることも少なくありません。

図4-9　地面に引いたラインに沿ってロボットが移動する。ほかに懐中電灯などの光源に向かって移動するロボットの工作キットなども市販されている（写真提供:アールティ）

4.5　ロボットのソフトウェア開発環境（SDK）

ロボットが手や足を使って感情を表現したり、会話機能で人間の問いかけに答えたり、何かの説明をしたり……プログラミングによって、ロボットを生活やビジネスに役立つものにすることができます。

本書の第2章「ロボットの活用」で述べたように、Pepperなどの既存のロボットをイベントやビジネスに活用していこう、という動きが加速しています。

その場合、どんなロボットでもプログラミングによって自由に制御できるわけではありません。ロボットに合った「開発環境」でプログラミングを行なう必要があります。「多くのユーザー開発者（デベロッパー）がプログラムを作って自社製品のロボットを活用して欲しい」とメーカーが考えている場合、メーカー自身が開発キットを販売したり無償で提供したりします。それが「SDK」（Software Development Kit: ソフトウェア開発キット）です。デベロッパーはSDKを利用することで、さまざまな行動をするロボットのプログラミングを行なうことができます。

逆にいえば、メーカーがSDKを提供していないロボットについては、ユーザー自身がプログラミングしてロボットを動かすという楽しみ方やビジネス活用はほぼできません。

PepperのSDKとChoregraphe

ソフトバンクロボティクスのPepperの場合、同社が提供しているSDKには「Choregraphe」（コレグラフ）と呼ばれる開発ソフトウェアが含まれています。ChoregrapheはWindowsやMacにインストールし、話す、聞く、手を振るなどのコマンドを登録したボックスをドラッグ＆ドロップしたり、Pepperが話す言葉をキーボードから入力して登録することで、基本的なPepperの動作を制御することができます。たとえば、人をみつけたとき（認知）に、Pepperが「こんにちわ」と話しかけ（話す）、相手が「こんにちわ」と答えてくれた場合には（相手の会話を認識して判断）、右手を上げて（行動）、「僕の名前はPepperです」と自己紹介する、といったものなら数十分で簡単にプログラミングすることができます。Choregrapheの場合、Pepper本体を所有していなくても、画面上で仮想ロボットの動きが確認できる「バーチャルロボット」の機能があります。

ちなみにPepperの兄妹ロボットに小型の「NAO」（ナオ）という製品がありますが、ChoregrapheはPepperとNAOをほぼ共通で制御することができます。そのため両方のロボットを対象にしてソフトウェアの開発を行うことができます（NAOは2足歩行、Pepperはオムニホイールなど、ハードウェア上、多少の違いがあるのでそれを考慮しなければいけません）。

※Pepperのプログラミングや「Choregraphe」の操作を学びたい場合は『Pepperプログラミング 基本動作からアプリの企画・演出まで』（SBクリエイティブ刊）にくわしく記載されています。

図4-11　ソフトバンクロボティクスのデベロッパー・ポータルサイト。Pepperのビジネス活用が多い理由の1つはSDKや開発環境が用意されているから。

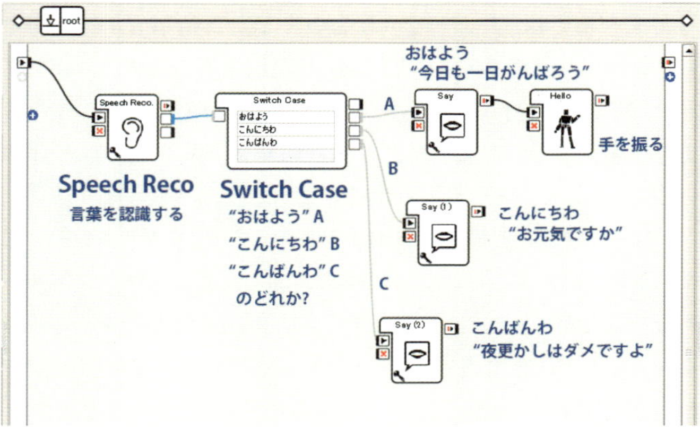

図4-12　Choregrapheの例。相手の話した言葉を認識し、「おはよう」「こんにちわ」「こんばんわ」の場合で、それぞれPepperが返す言葉をちがったものに設定している画面。

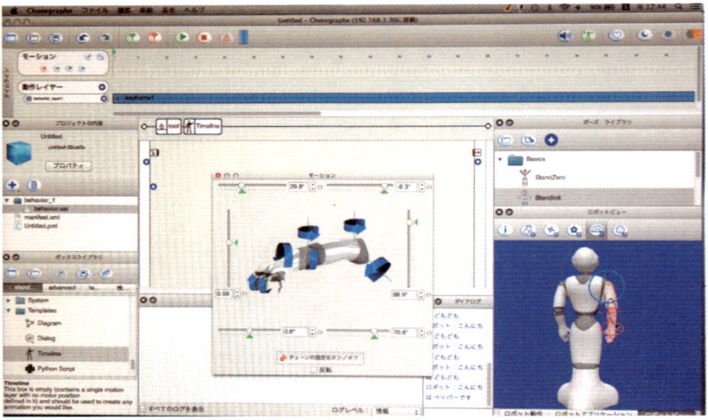

図4-13 Pepperの実機がある場合、Pepperの腕の関節や向きなどをユーザーが動かして、その状態を記憶することでPepperのポーズなどを指示するティーチングもできる（画面右下がバーチャルロボット）。

4.6　ロボアプリとアプリストア

スマートフォンやタブレットが普及して「アプリ」という言葉は日常で利用される単語になりました。これと同様にSDKで開発したロボット向けのアプリを「ロボアプリ」と呼びます。ロボアプリを「スキル」と呼ぶ場合もあります（ロボットにとって、できることが増えるという意味で、人間と同様にスキル（技能）と呼ぶ方がしっくりくるという人も多くいます）。

スマートフォンと同様、ロボットにロボアプリをダウンロードしてインストールすることで、機能を追加したり、アプリで何かを行なうことができるようになります。Pepperやロボホン、パルロなど、それぞれ専用のアプリストアが用意されていて（ロボホンでは専用のマイページサイト）、そこからロボアプリを入手します。

ビジネス用の「Pepper for Biz」の場合、月々のレンタル料金に基本のアプリとして約8種類のお仕事アプリが用意されています。

それとは別に「ロボアプリマーケット for Biz」には有料のロボアプリがラインアップされています。企業はPepperを活用したい用途に合わせてロボアプリを購入(有料契約)して使用するしくみです。

図4-14　Pepperの「ロボアプリマーケット for Biz」。ここから専門アプリを選択し、ダウンロードや契約を行ってPepperをビジネス活用することができる。

ロボアプリと課金ビジネス

ロボアプリを開発するビジネスがしたいと思ったら、開発したアプリをメーカーに審査してもらい、アプリストアに登録、不特定多数のたくさんのユーザーにダウンロードして利用してもらうことで売上げを上げる方法があります。多くのスマホ・アプリ開発者がAppleの「App Store」やGoogleの「Google PLAYストア」で売上げを上げるチャンスを得ているのと同様です。

しかし、ロボットの場合、まだ市場が成熟していません。ロボットの販売台数はそれほど多くなく、ロボアプリストアに課金システムを導入しているロボットすらほとんどありません。

Pepperでさえ、ビジネス向けの「ロボアプリマーケット for Biz」では課金できる環境が実現していますが、消費者向けのPepperのアプリストアでは課金ができません。

とはいえ、良質のロボアプリが出てくることでロボットの需要も伸びると考えられるため、ロボアプリ業界が盛り上げることが期待されています。

開発者向け講座やスペースの提供

メーカーも開発者を育成するため、さまざまな講座やセミナー、コンテストを行なって活性化をはかろうとしています。ソフトバンクロボティクスを例にあげると「アトリエ秋葉原」「アトリエサテライト」という開発者向けスペースを用意しています。

また「公認サテライト」という制度を設けて、Pepperロボアプリ開発に可能性をかける人たちが集まり、教え合ったり、講座で学んだり、その成果を交換・発信する場として、また地域の活性化をめざしてプログラミング講座（ワークショップ）やタッチ&トライなどが行われています（2016年11月時点で20ケ所以上）。

なお、アトリエ秋葉原や一部のアトリエサテライトでは、Pepper for Bizが体験できる場として、マンツーマン（1回1企業を対象に）でPepper for Bizの特徴の解説や導入事例、実際のアプリの使用デモなどを行っています。

コンテストやハッカソン

ロボットに限らず、最近は開発者の育成のためにさまざまな分野で「ハッカソン」が開催されています。ハッカソンとは「ハック」（hack）と「マラソン」（marathon）の造語で、テーマに沿って短

図4-15　アトリエ秋葉原の様子。ロボアプリを開発したい人たちが集まり、情報交換したり、講座を受けることができる（予約制）。Pepperを所有していない開発者もここでPepperの実機と触れることができる。

時間で企画からプレゼンテーション、ソフトウェア開発までを行うコンテストの一種です。企画担当、各種デザイナー、プログラマー、教授や先生、ゲーマーなど、さまざまな業種や趣味の人びとがグループを組み、役割分担をして作業します。たとえば、土曜日の朝から日曜日の夜まで（夜通しを含む）で成果を競うハッカソンもあります。

図4-16　ハッカソンはテーマや目的に沿って、複数のグループが短時間でアイディアからプレゼン、開発までを競う。24～36時間ぶっ通しで行なうものも多い

図4-17　PepperとIBM Watsonを活用したハッカソンの様子

第5章

さまざまなロボット

5.1 週刊ロビ

コミュニケーションロボット・ブームの先陣を切り、驚くような売上実績を上げたのが、2013年に発売されたデアゴスティーニ・ジャパン(以下、デアゴスティーニ)が発売した「ロビ」(Robi)です。

週刊誌の形態「週刊ロビ」で発売し、毎号付録として添付される部品を組み立てていく「パートワーク」(分冊百科)によって、読者自身が完成させるロボットです。完成までは約1年半かかり、総額で15万円ほどかかりますが、2013年の初版に続き、2014年(再刊行版)、2015年(第3版)と重版を行い、累計で12万台以上の売り上げを記録しています(デアゴスティーニ・ジャパンではベストヒット商品)。

大ヒットの理由はいくつかあります。1つめはパーツ付き組み立てマガジンの形態によって、ユーザーが1年半の長期間にわたり、ロボットを組み立て、完成したときの感動を体験できる、ということです。本書でもここまでロボットのしくみやサーボモーター等について触れてきました。「週刊ロビ」はまさにドライバー1本(付属)で、本格的なロボットを実際に自身の手で、組み立てる体験と学習ができます。最終号のパーツはモーションデータ入りのSDカード「ロビのココロ」。ロビの機能が記録された文字通りロボットのココロをロボット本体にセットして起動すると、そのとき初めてロビとしてしゃべり出します。そのときの感動は言葉にできないほどです。そしてその瞬間からロボットと暮らす生活が始まるのです。

次にデザインです。デザイナーは高橋智隆氏、株式会社ロボ・ガレージ代表取締役社長、東京大学先端科学技術研究センター特任准教授をつとめている世界的に知られるロボットクリエイター

図5-1　ロビの全体像。身長は約34cm。体重は約1kg。週刊「ロビ」全70号のパーツを組み立てると完成。ドライバー1本で誰でも組み立てられるやさしい設計になっていることも特長の1つ

です。高橋氏が手がけた作品は一般にはパナソニックのCM「エボルタくん」が知られているほか、2足歩行ロボット「クロイノ」は米TIME誌で「Coolest Inventions 2004」（最もクールな発明2004）に選出されました。自身もポピュラーサイエンス誌の「未来を変える33人」に選出された実績をもちます。高橋氏はロビの開発にあたり、「ロボットは使い終わったら箱にしまうというものではなく生活に溶け込んで家族の一員となるような存在をめざしたい、カッコ良すぎず、可愛いすぎず、そのバランスが大切。作業を正確にこなすのではなく、人間くささ、どんくささも出せたらいいなと思う」と語っています。

次にロビの声や仕草が愛らしいこと。声はあえてコンピュータの発話による人工のデジタルボイスは使わず、TVアニメ「ONE

図5-2　デザインはロボットクリエイターの高橋智隆氏が担当。（写真はイベント「コンテンツ東京」のデアゴスティーニ・ブースでのトークショー）

PIECE」のチョッパー役や「ポケットモンスター」のピカチュウ役で知られる大谷育江氏が担当しています。ロビとの会話にも工夫があります。開発にあたって、ロビとの会話はユーザーからの命令ではなく、パートナーとして親しんでもらうように、暮らしの中で使われる口語体の言葉を認識するようにしました。たとえば「ロビ、前進‼」ではなく「ロビ、こっちにきて」という感じです。

ロビは多くの機能は持ちません。簡単な会話やダンスを楽しむ程度です。Wi-Fi機能もなく、クラウドと通信することもできません。「実用的か？」とはいえないかもしれません。しかし、否定的に捉える必要もありません。ロビの魅力は機能ではなく感じることにあるからです。

海外展開も始まっていて（イタリア・台湾・香港・イギリス・中国（上海地域）等）、2017年には新しいロビが登場することが予定されています。

図5-3　ロビはダンスをしたり、腕立て伏せをしてユーザーを楽しませてくれる

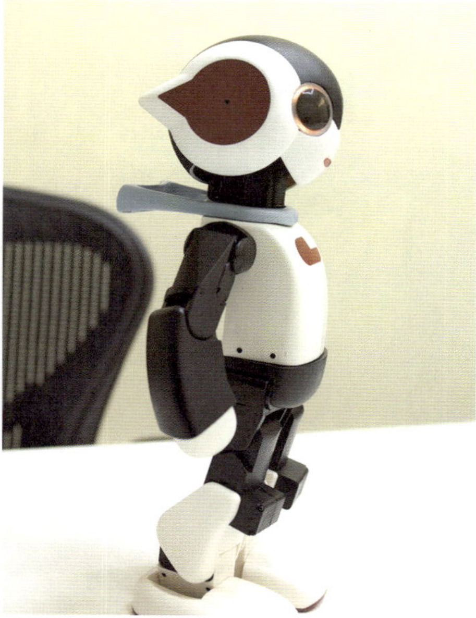

図5-4　横からのフォルムも秀逸

「デアゴスティーニ・ジャパンは新しいロビ「週刊ロビ 2」を2017年の初夏から全国発売することを2017年1月に発表しました（地域限定の先行販売は1/31から開始）。

5.2　PALRO/ Palmi

「PALRO」(パルロ)は全長約40cm、重量約1.8kg、会話をしたり、ダンスや歌で楽しませてくれるコミュニケーションロボットです。東証一部上場の大企業、富士ソフトが開発しました。

2010年3月に大学や研究機関向けに「アカデミックモデル」の販売を開始、2012年6月からビジネスシリーズとして高齢者福祉施設向けモデルの販売を行っていて、2016年5月の時点ではすでに330以上の福祉施設/介護施設に導入されています。

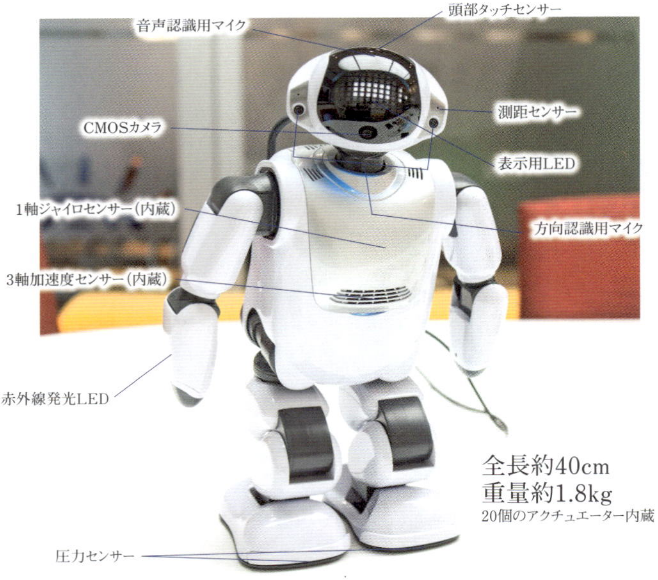

図5-5　富士ソフトの会話ロボット「PALRO」のリラックスポジション。立っているようにも見えるが膝を曲げて足をたたんでいる。この姿勢は電力消費が少なく、サーボモーターの負荷も減らすことができる

主な仕事は司会進行役です。施設には通常、レクリエーション（レク）の時間が設けられています。健康体操をして身体を動かしたり、歌を合唱したり、楽器を演奏してみたり、書道やヨガを行なう施設もあります。PALROは、クイズ、歌、ダンス、体操、ゲーム、落語、占いなどが得意なので、レクの時間に施設やデイケアの利用者に対して披露したり、いっしょに体操をしたりしています。施設の運営側としては、PALRO導入によって、利用者を見守ったり補助するスタッフは変わらず配置する必要があるものの、毎回のレクのコンテンツ（出し物）を考えるなどのスタッフに対する負担は軽減され、より重要な業務に配置できることがメリット。慢性的なスタッフ不足が問題視されている福祉介護業界で、ロボットの活用が期待されています。

なお、PALROは100人以上の顔と名前を覚える個人認証機能を持ち、会話をしていくと各利用者がどんな趣味があり、どんなスポーツや食べ物が好きなのか趣味趣向を記憶していきます。

図5-6　PALROの活躍の場は福祉施設。レクリエーションの司会進行や会話をすることで、高齢者の認知症やうつ病の予防をめざす（写真提供: 富士ソフト）

PALROと外観がほとんど同じ一般消費者向けロボット「Palmi」（パルミー）が、DMM.make ROBOTSから発売されています。ハードウェアは富士ソフトが開発した兄弟機ですが、ソフトウェアは福祉施設用ではなく、一般消費者向けのアプリが利用できます。Wi-Fiでネットに接続できる会話ロボットです。

図5-7　DMM.make ROBOTSが発売している「Palmi」。本体価格:298,000円（税別）http://robots.dmm.com/robot/palmi

5.3　OHaNAS

タカラトミーは玩具メーカーとしては、とても古くからロボットに注力してきました。最初の「オムニボット」（Omnibot）を発売したのは30年前、それ以来オムニボットシリーズとしてロボット玩具を開発・発売し続けています。

「OHaNAS」（オハナス）は2015年10月に発売したコミュニケ

図5-8　タカラトミーのオハナス。名前の由来は、家族と「おはなし」して「はなしに花が咲く」という意味から。19,800円（税抜）http://www.takaratomy.co.jp/products/omnibot/ohanas/

ーションロボットです。ニュースや天気などリアルタイムに変化する最新情報を教えてくれたり、質問に答えてくれたり、晩御飯の献立をいっしょに考えてくれたり、冗談を言って和んだり、簡単な話し相手になってくれます。ただ、会話に特化したためサーボ等による可動部分はありません。そのためロボットと呼ぶべきかどうかは議論がわかれるところでしょう。

オハナスはBluetoothでスマートフォンやタブレットと通信し、ユーザとオハナスの会話はすべてスマートフォン等を経由してインターネット上のクラウドで処理されます。会話の処理にはNTTドコモのスマートフォンでお馴染みの「しゃべってコンシェル」で利用されている「自然対話プラットフォーム」が使われています（そのため、発売時にはロボット業界やビジネス業界からも注目されました）。

発話の意図を理解する「意図解釈エンジン」や、あらかじめ決められたシナリオに沿って、会話形式で受け応えをする「シナリオ対話エンジン」に加えて、新たに「文章正規化機能」（いろいろ

図5-9　オハナスとの会話をスマートフォンで体験してみることができる。
http://www.takaratomy.co.jp/products/omnibot/ohanas/

な言い方を正規の言い方に変換して理解する等の機能)、「外部コンテンツ連携機能」(天気予報や気温などの外部情報を参照して会話に自然に組み入れる等の機能)が組み込まれています。なお、クックパッドやぐるなびとも連携機能があります。

タカラトミーにユーザー層について聞くと、スマートフォン等が必要となるため、ほかのロボット・トイとは少し異なり、男女比率は64:36で男性が多く、年齢層は子供が約2割、50歳以上が約5割ということです。通常、玩具の場合、購入するのは大人で使うのは子供というケースが多いのですが、オハナスの場合、使うのはその親世代というケースが多く、離れて暮らす親に話し相手をプレゼントしたいというニーズが反映されているようです。

オハナスのデビューは辛辣なものでした。ユーザーの期待感の大きさも反映し、発売した直後は「会話を認識しづらい」「聞き取ってくれない」などの厳しい声が多かったのです。しかし、タカラトミーとNTTドコモはその意見を真摯に受け止め、技術者たちがプライドをもって改良に努めました。ロボットの場合、話者とマイクの位置がスマートフォンとは大きく異なります。その影響もあり、開発陣の予想以上に周囲の雑音が会話の聞き取りに悪影響を及ぼしていたのです。

ノイズキャンセル機能をさらに強化して雑音に強くしたり、ユーザーとの会話の精度を上げることで認識率を格段に向上させ、アップデートを行ないました。同社によれば、発売当初は67～68％くらいの認識率でしたが、システム改善後は92～93％くらいまで向上したとしています。

2016年5月、NTTドコモはオハナスをベースにビジネス向けにカスタマイズ可能な「おしゃべりロボット for Biz」を発表しました。法人顧客が自社の商品等にかかわる話題をシナリオとして作成、あらかじめ自然対話プラットフォームに追加することで、店頭等での商品やキャンペーンの説明、接客、受付業務のサポート等、さまざまな活用方法が検討できるとしています（シナリオ登録する初期費用や月額利用料が必要）。

図5-10　オハナスはスマートフォンとインターネット経由で会話サーバーに接続。NTTドコモの技術を活用して自然な会話によるコミュニケーションの実現をはかる。
http://www.takaratomy.co.jp/products/omnibot/ohanas/

5.4 Tapia

「Tapia」（タピア）はMJI（日本の企業）が開発し、2016年に発売されたデスクトップ型のコミュニケーションロボットです。DMM.make ROBOTSでも販売されています（価格は98,000円（税別））。高さ245mm、幅210mm、重量は約3kgです。タピアは白いタマゴ型の可愛いスタイルで、本体の上半分の向きや上下位置を可動することができます。人の気配を感じると顔の正面をぐるりと移動し、誰なのかを認識しようとします。

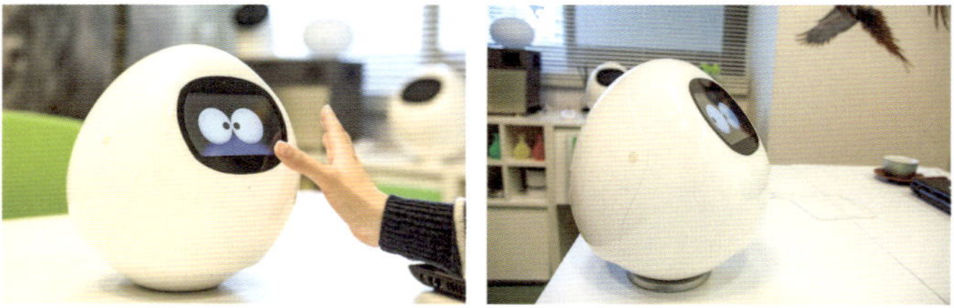

図5-10 タピアの全景。白いタマゴ型の身体に、表情豊かなタッチパネルの顔をもつ女の子（設定）。垂直方向（上下）に30度、左右に175度回転して、顔の向きを変えたり視界を変更することができる

タピアの主な用途として、MJIでは大きく3つを提案しています。

まずは「みまもり」です。離れて暮らす両親や単身世帯の親の家にあるタピアと、スマートフォンでビデオ通話をすることができます。また、一定時間、タピアと応答がない場合、家族のスマートフォンへ通知したり、部屋の様子をモニタリングして、安否を確認することができます。

図5-11 撮影した写真や、ビデオ通話時の相手の様子は液晶画面に表示される

2つめは「生活サポート」です。ビデオ通話、写真撮影、スケジュール管理、ニュースの読み上げなど、音声による指示で操作できます。将来的にはスマートハウスに向けIoT機器として、タピアに指示することで照明の明るさを変えたり、テレビのオン/オフや音量の調整などができるようになる見込みです。

3つめは「会話」です。感情表現と好感度システムを搭載した会話エンジンがコミュニケーションを促進します。人工知能型の学習機能も搭載します。

タピアを「みまもり」や「ビデオ通話」で使用するにはAndroidスマートフォンと「タピアあぷり」が必要です（iPhoneには近々対応）。

図5-12　背中のカバーをはずすと3つのインタフェースが見える。Micro SIM、Micro SD、Micro USBが 各1基、装備されている

ビジネスではハウステンボス内の「変なレストラン」で活躍中です。すべてのテーブルにタピアが配置されていて、来店客と対話しながら「本日行われるイベントの紹介」「占いや天気予報を始めとした対話プログラム」「お食事時間の経過通知」などを案内しています。また、「変なレストラン」の上位システムと連携し「着席管理」「お客様が退席された後の清掃要求」などの通信を行なっています。

ちなみにタピア本体のOSはAndroidですが、スマートフォン用のAndroidアプリはインストールしたり動作はできません。

図5-13 ハウステンボス内の「変なレストラン」では、タピアが全テーブルで接客を行っている（写真提供: MJI、ハウステンボス）

5.5 NAO

「NAO」（ナオ）はソフトバンクロボティクス製のロボットです。身長58cm、重量5.4kg、2足歩行型です。OSはPepperと同じ「NAOqi」、開発環境も同じSDKを使用でき、「Choregraph（コレグラフ）」でアプリの開発が可能です。主に、ロボット工学等の勉強用に大学などで利用されたり、研究機関で活用されてきました。ここ数年はロボットブームの影響と、Pepperと同じ開発環境が揃っていることから、銀行やテーマパーク、ホテル、鉄道会社などでの受付やコンシェルジュとしてのビジネス活用もはじまっています。

Pepperと同様、対話エンジン、感情認識エンジン、生物らしい振る舞いをするオートノマスライフ機能などをもっています。

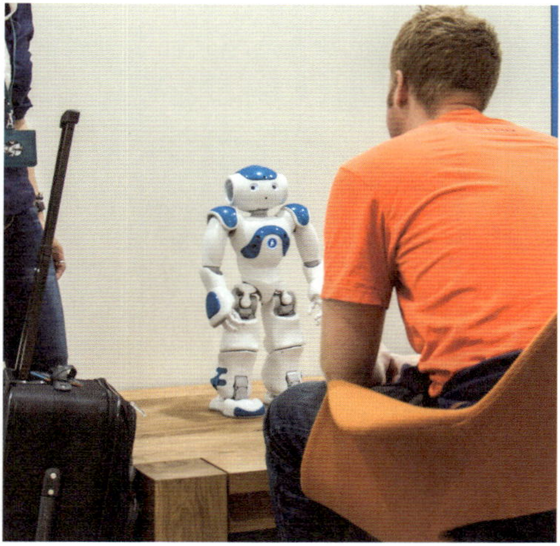

図5-14　多国語に対応しているNAOは、インバウンド（外国人観光客）の対話対応にも適している

小型カメラ、スピーカー、センサー類を内蔵し、指向性マイクも4基装備して音源の位置の特定も可能です。首、腰、脚、足首はメタルギアで強化され、静音設計も施されています。

Pepperとの違いは身長が小さいこと、2本の脚部を備え、歩行したり、より表現力の高いダンス等が行なえることです。指は3本でPepperより少なく、モノを持ったり握るチカラは強くありません。電源駆動とバッテリー駆動に対応していますが、バッテリーではフル充電で約60～90分間の稼働時間です。Pepperより稼働時間が短いのは（Pepperは公称12時間以上）、小型のためバッテリー容量が小さいことと、2足歩行のため電力消費量が比較的大きいことがあげられます。

欧州で開発され、主に利用されてきたNAOは、アルデバラン製という表現が使われます。アルデバランロボティクス（Aldebaran Robotics）社は本社をパリに置くロボット開発・販売会社として知られていました。アルデバランはブルーノ・メゾ

図5-15 片脚立ちなど、ヒト型の特長を活かしたダンスやポーズなどが可能。Pepperと同じ開発環境、コレグラフで開発できる

ニエ氏（Bruno Maisonnier）によって2005年に設立され、フランス、中国、日本、米国にオフィスを構えていましたが、Pepperの発表時期にソフトバンクグループ傘下となったことが公表され、2016年5月にソフトバンクロボティクスヨーロッパに名称変更したことで、アルデバランという社名は事実上なくなりました。

アルデバラン社は3種類のロボットを開発していました。等身大の人型ロボット「ROMEO」（ロミオ）、ジュリエットという開発コードで秘密裏に商品化が進められた「Pepper」、そして小型の「NAO」です。NAOはアルデバラン社にとって初めての2足歩行型ロボットで、2006年に初代NAOが開発されて以来、5,000体以上が世界70カ国で研究と教育用のプラットフォームとして活用されてきました。世界的なロボット競技会ロボカップでも、RoboCup 2008よりNaoが標準プラットフォームリーグで採用されています。

現在のモデルは第5世代にあたり、「NAO EVOLUTION」（ナオ エヴォリューション）と呼ばれています。

図5-16　ヒューマノイド型のパーソナルアシスタントとしてプロトタイプの開発が進められた身長140cmのRomeo。パリ市と周辺地域、5つの民間企業、7つの研究機関らが、予算（補助金なども含め予算総額1000万ユーロ（約13億円））とスタッフを提供した「プロジェクト・ロミオ」が発足。高齢者や軽度な認知症、視覚障害者などのための生活支援ロボットが開発された（画像はPROJECT ROMEOホームページより）

図5-17　三菱東京UFJグループは成田空港支店にNAOを配置し、外国人観光客向けにロボットが英語や中国語など他言語で業務を行なえるかの実証実験を行なった（IBM Watson日本語版連携）。また、ディープラーニングを利用して投資チャートパターンを解析するサービス等とロボットとの連携をCEATEC 2016で参考展示した（写真）

5.6 Sota

「Sota」(ソータ)は対話と身振り手振りでコミュニケーションを行なうことができる、身長28cmのデスクトップ型ロボットです。

胴体1軸、腕2軸×2、首3軸の合計8自由度で、ACアダプタで駆動します。バッテリーは内蔵していません。額のカメラで静止画や動画を撮影したり、人を認識する機能をもたせることができます。通信機能はWi-Fi、Bluetooth。クラウドと連携して、受付、案内、商品紹介、プレゼンテーション、アンケートの収集、翻訳などのアプリやサービスで実用化することが考えられます。ただ、現在は開発者向けモデルはオンラインショップで販売されていますが、一般用には市販されていません。

Sotaが注目された大きな理由のひとつは、ロボット研究の第一人者である大阪大学 大学院基礎工学研究科教授の石黒浩氏が准教授の吉川雄一郎氏と共同で、JST戦略的創造研究推進事業(ERATO)の「石黒共生ヒューマンロボットインタラクションプロジェクト」において手がけたロボットだからです。プロジェクトの記者発表会では、大阪のベンチャー企業ヴイストンと共同で、社会的対話ロボット「CommU」(コミュー)と「Sota」を開発したこと、ロボット同士で対話し、さらに人間を巻き込むことで、これまでのロボットでは困難だった「人間が対話に参加している感覚(対話感)」を感じることができるロボットであること、SotaはSocial Talkerの略であること、Sotaのデザインはロボットクリエイターの高橋智隆氏が手がけたことなどが発表されました。

また、NTTがSotaを使ってクラウド・ロボティクスのサービスを開発していて、2016年8月、介護事業者をメインターゲットに、高齢者とのコミュニケーションなどで活用を見込んだ「ロボコネクト」などを発表しています。NTTグループの音声認識・合成技術「corevo」(コレボ)が使われています。

デベロッパー向けの開発環境には「Vstone Magic」が用意されています。アプリやシステム開発も比較的容易に行なえるため、今後の活躍が期待されています。

図5-18　ヴイストン社はロボットの開発だけでなく、ロボットの流通・販売も手がけている。秋葉原のショップ「ロボットセンター」ではSotaが迎えてくれる

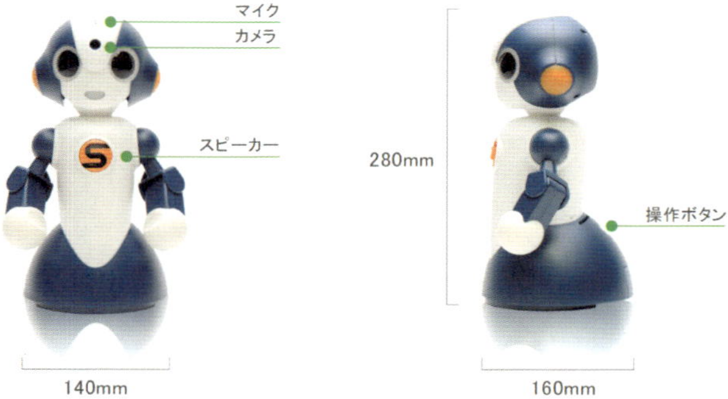

図5-19　Sotaにはマイク、スピーカーのほか、カメラ、Wi-Fi、Bluetooth、USB×2 などが搭載されている。目の色（LED）で状態や感情を表現することができる。手はグーの状態のみ

5.7　ロボホン

「ロボホン」(RoBoHoN) はシャープが開発したロボット型の携帯電話です。機能的に見ても高性能なロボットですが、メーカーはロボホンを携帯電話やスマートフォンとして訴求しています。

身長は約19.5cm、体重は約390gで、精巧な2足歩行型のロボットとしてはとてもコンパクト、旅行や外出にも持っていけるサイズです。センサーは9軸(加速度3軸、地軸気3軸、ジャイロ3軸)と照度センサー、さらにGPSを装備しています。背中にディスプレイが内蔵されていて、タッチ操作が可能です。また、珍しい特長としてはHD (1,280 × 720画素) 相当のプロジェクターを搭載していることです。撮影した写真や動画、ゲーム画面の表示などに利用することができます。スマートフォンと同様に通信機能はケータイ電波(3G/LTE)、Wi-Fi、Bluetoothに対応しています。バッテリーがフル充電時の稼働時間は同社の調べで1日以上としています。OSはAndroid OS 5.0が基本です (2016年11月時点)。

図5-20　ロボホンの全景　前・後ろ (撮影協力：ロボットスタート株式会社)

図5-21　プロジェクターを使用しているところ

図5-22　珍しいロボホンの半身スケルトンモデル（非売品）。展示会やイベントなどでたまに見ることができる。コンパクトなボディに小さな部品が詰まっていることがわかる

デザイナーはロボットクリエイターの高橋智隆氏が担当してまいす。コンパクトなボディに、新開発のサーボモーター「Ｒサーボ」が13個搭載されています。専用サーボはロボホンが片手で250gの重りを支えることを可能にしています。また、非接触のポテン

ショメーターとブラシレスモーターを搭載、さらに力を逃がすことで破損を免れる「クラッチ（トルクリミッタ）」構造も採用し、故障を防ぎ、耐久性を向上させています。さらにたくさんの部品が内部いっぱいに組み込まれていてもなお、このスリムで美しいフォルムを実現しています。

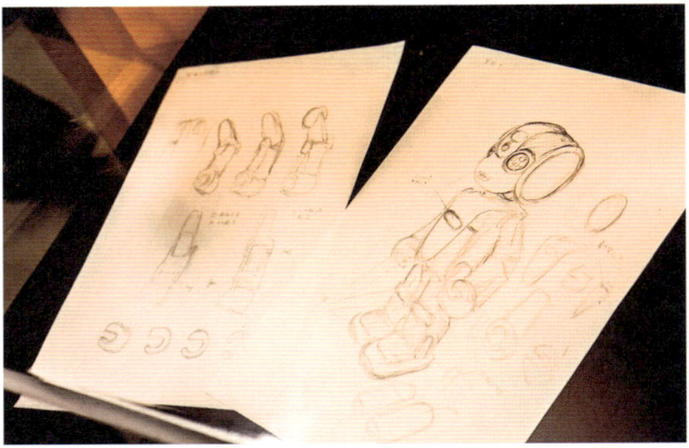

図5-23　高橋智隆氏によるロボホン制作段階の手描きスケッチ

価格は198,000円（税抜）で、その他に月額980円の「ココロプラン」（音声通話以外の機能を利用するための月額料金）に加入する必要があります。その他にスマートフォン用SIMカードを別途用意します。ココロプランとSIMカードの利用料金を含めた「ココロモバイル」（月額2,480円）も用意されています。

ロボホンは、会話の認識度、動作の精密さ、可愛さなどで、識者のあいだでは高い評価を得ていて、ロボットと暮らしたいと考えるユーザーのニーズには合致する商品になっています。ソフトウェアのアップデートやアプリの追加が頻繁に行なわれていますが、一般向けにさらに普及するかどうかは魅力的なアプリとより便利な機能のリリースにかかっています。

なお、今後はロボホンをビジネス用に展開することも期待されています。受付やコンシェルジュなどで活躍しそうです（最大の注意点は盗難防止かもしれません）。

シャープは「ロボホン認定開発パートナー制度」を発足し、ビジネス利用を促進する考えです。認定試験を通ったデベロッパーはSDKの提供とテクニカルサポートが受けられるほか、開発環境の先行公開、シャープよりアプリの開発委託および案件が紹介され

図5-24　ロボホンの新開発サーボモーター「Rサーボ」（公式Facebookページ https://www.facebook.com/robohon.jp/ より）

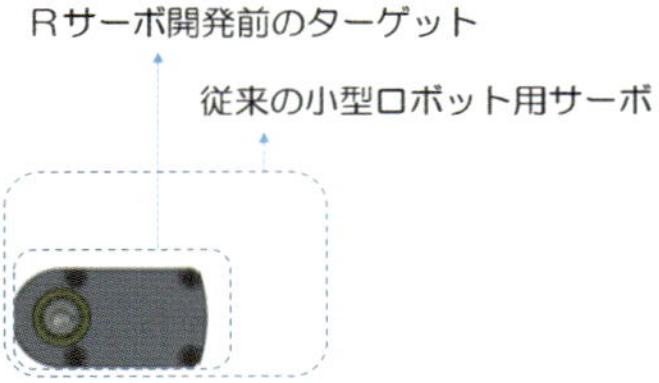

図5-25　開発段階で目標として設定したサイズは、従来の小型ロボットの関節に使用されるサーボモーターより体積比25%ダウン。最終的には23%まで小型化に成功（公式Facebookページ https://www.facebook.com/robohon.jp/ より）

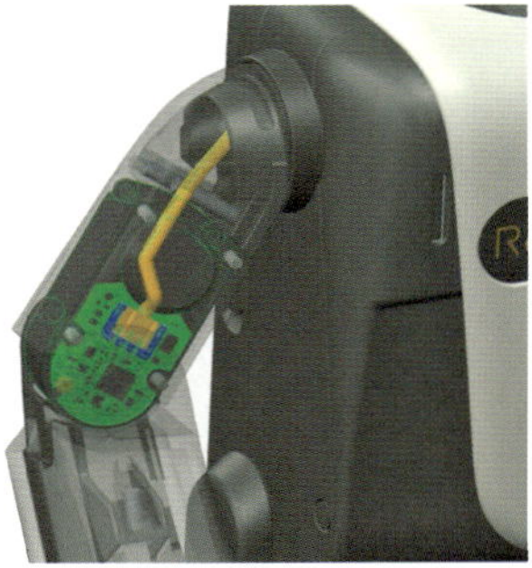

図5-26　図のような状態でRサーボは組み込まれている（公式Facebookページ https://www.facebook.com/robohon.jp/ より）

たり、開発したアプリやシステムの販促支援などが受けられる予定です。

図5-27 専用サーボで250gの重りを支えることができる。60kgの人間に換算すると、片手で37.5kgを支えられる計算になるという。(公式Facebookページ https://www.facebook.com/robohon.jp/ より)

5.8 ユニボ

「**ユニボ**」(unibo)はベンチャー企業のユニロボット社が開発した身長約32cmのコミュニケーションロボットです。

首(2軸)と腕にサーボモーターを内蔵し、顔の向きを変えたり、腕を上下して感情を表現したり、ポーズをとることができます。移動することはできません。

顔は7インチ液晶ディスプレイによって表情を変えます。タッチパネル式ですが、ユーザーとは会話でのやりとりが前提となっていて、ほとんど画面での操作は使われません。画面には撮影した写真や天気予報のイラスト、オススメの食事の写真なども表示されます。

タッチセンサーは頭と足の裏にあり、明るさや赤外線センサーも装備しています。

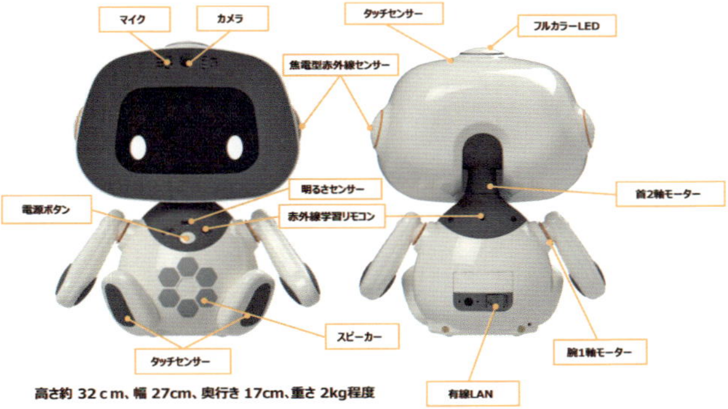

図5-28　ユニボの外観とセンサー、インタフェース類の数と配置

一般モデル（2017年3月発売予定）と法人向けモデル（2017年1月発売）があります。ほかに開発者向けモデルも先行販売される予定です。ハードウェアはどれも同じでOSはAndroid、搭載するアプリやサービスで違いがあります。アプリ開発者向けにはSDKが用意される予定で、ドラッグ＆ドロップで簡単にプログラミングできる仕様です。また、アプリストア「ユニボストア」も用意する予定で、開発したユニボ用ロボアプリを登録したり販売できるようになる見込みです。

ユニボの特徴は人に寄り添い、個人の趣向を理解するところ。会話の解析や理解にAI技術のひとつである「ディープラーニング」が使われています。

同社のホームページによれば「家族の執事役（家族みんなの出来事を毎日記憶して、いつでも思い出にアクセスしてくれます）、食事の提案・レシピの伝授、旅行の計画」などができるといいます。また、遠隔地とのビデオ通話、写真撮影の機能等があるため、離れて暮らす高齢者宅にユニボを設置し、スマートフォンとユニボで顔を見ながら通話することができます。

医療現場ではこれらの機能を応用して服薬管理(薬を飲む時間を教えてくれたり、飲んだことを家族や医療機関に通知する等)、看護士や医師とのビデオ通話により様子の確認や問診などへの展開が期待されています。

また、SDKは子供が利用できる簡単なインタフェース(操作方法)をめざしていて、ユニボにしゃべらせたい会話を登録したり、音楽に合わせて踊らせたりなど、ロボットとプログラミングの楽しさを教育に活かす考えです。

価格は一般モデルが本体価格99,800円、月額で5,000円(会話機能などのクラウド利用料金)が必要です。法人モデルは本体150,000円で月額13,000円(12ヶ月契約)か、本体0円で月額20,500円(24ヶ月契約)等、複数のプランが用意されています(金額はすべて税抜)。

図5-29 ニコニコ笑ったり、涙を流したり、表情は豊か

図5-30　ランチや夕飯をリコメンド（提案）

図5-31　安全性を考慮して、腕が引っ張られたときには簡単にはずれるようにできている

5.9　ジェミノイド、オトナロイドとコドモロイド

人間に近いロボットの開発・研究を行う分野があります。「ヒューマノイド」や「アンドロイド」と呼ばれますが、ヒューマノイドは英語の「human」（人）と「～oid」（～のようなもの）の造語、アンドロイドはギリシア語の「andro」（人、男性）と「oid」との造

語で語源としては同意語といえます。ヒューマノイド研究の第一人者としては、大阪大学の石黒浩教授（知能ロボット学研究室）が知られています。テレビでお馴染みの「マツコロイド」も石黒氏の監修によるものです。

ジェミノイド

石黒研究室とATR（国際電気通信基礎技術研究所）のIRC知能ロボティクス研究所が共同で研究・開発しているアンドロイド「ジェミノイドF」が知られています。「ミナミ」（通称）は、2012年11月に高島屋大阪店（大阪市中央区）で初公開された、人間の女性そっくりのロボットです。初公開された際は、タッチパネルで入力した質問に対してミナミが返事を返すしくみで、精巧に造られた姿は肌の質感もリアルで、集まった多くの人たちはその外観に驚きました。また、人間が遠隔操作によってミナミを動かして会話をすることもできます。「こんにちわ、ミナミといいます。今日は来てくれてありがとう、高島屋にはよく来られるんですか？」2013年5月にふたたび高島屋に登場したときには、音声認識機能を追加し、簡単な会話ができる機能も搭載されたため、来店した人たちはアンドロイドとの会話を楽しんでいました。石黒浩教授は自身にそっくりな「ジェミノイドHI」を開発したことでも注目されています。大阪大学が開発した「HI-4」は遠隔操作型アンドロイドで、コンプレッサーによる16個の空気アクチュエーターで16の自由度（頭部: 12, 胴体: 4）を実現しています。石黒浩教授が人間そっくりのアンドロイドを開発する理由は「ロボットらしいロボットだけでなく、人間らしいロボットを用いて、人間のもつ存在感の解明を目的」としています。すなわち、人間のようなロボットを開発することで人間とは何か、人間の存在とはどういうものか、人の存在感は遠隔地へ伝達することができるか、などの疑問を解明するために研究しています。

オトナロイドとコドモロイド

東京お台場にある日本科学未来館では、実際に見ることができるジェミノイドとして「オトナロイド」と「コドモロイド」が展示されていました（現在は「オトナロイドのみ常設展示（2016年 12月時点）」）。成人女性の見かけと表情、全身に 40の自由度をもつ「オトナロイド」は、遠隔操作と音声合成による自律動作に対応しています（日本科学未来館では平日 15:00以降に遠隔操作も体験できます）。また、「コドモロイド」は見かけは子供の姿、全身 30の自由度をもつニュースキャスターとして自律的に振る舞い、日本科学未来館に展示中は合成音声で科学ニュース等をお知らせしていました。

図5-32　2012年に高島屋で公開されたアンドロイド「ジェミノイド F」（通称ミナミ）。（写真提供：株式会社国際電気通信基礎技術研究所 石黒浩特別研究所）
※ジェミノイド　Fは、大阪大学と国際電気通信基礎技術研究所（ATR）石黒浩特別研究所により共同開発されたものです。
※「ジェミノイド」は（株）国際電気通信基礎技術研究所（ATR）の登録商標です。

図5-33　石黒浩大阪大学特別教授とジェミノイド HI-4。（写真提供：株式会社国際電気通信基礎技術研究所 石黒浩特別研究所）
※ジェミノイド HI-4は、大阪大学により開発されたものです。

図5-34　オトナロイドは日本科学未来館で見ることができる（写真はイベント時のもの）。（写真提供：株式会社国際電気通信基礎技術研究所 石黒浩特別研究所）

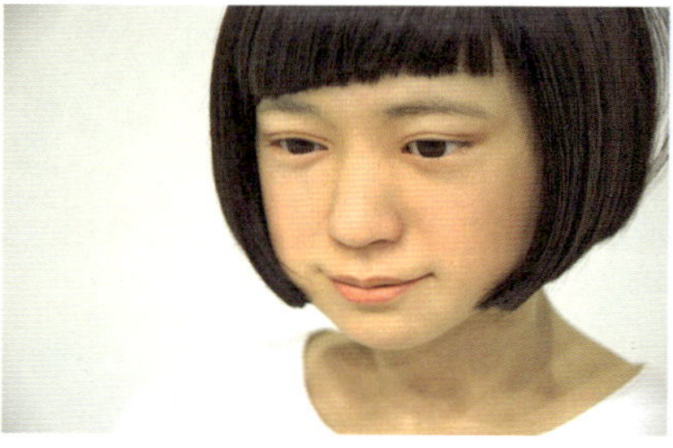

図5-35　コドモロイド（日本科学未来館での展示は終了）。（写真提供：株式会社国際電気通信基礎技術研究所 石黒浩特別研究所）

5.10　機械人間オルタ

2016年の夏、日本科学未来館では大阪大学の石黒研究室と東京大学の池上研究室によって、ある試みが行なわれました。身長約 140cm強（造形は上半身のみ）、体重は約 80kg、身体に組み込まれた 42本の空圧アクチュエーターによって動く機械人間「オルタ」（Alter）を一週間（2016年 7月 30日〜8月 6日）展示し、来館者がオルタを見てどう感じるか、オルタがどう変わっていくかを実験したのです。オルタは、下記の3つの問いを明らかにするために開発されました。

・生命をもつように感じさせるものは何か？
・機械人間は人間や他のロボットよりも、より生命を生き生きと感じさせるものになるか？

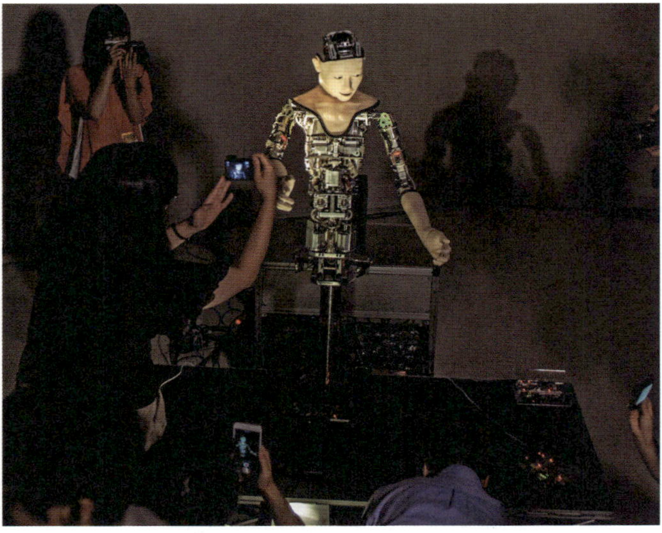

図5-36　報道関係者に囲まれる機械人間オルタ。日本科学未来館での報道発表会にて。

・機械が生命をもつように感じられると、観察する側には何が起こるのか？

オルタはジェミノイドのような人間そっくりではなく、人間でいう上半身部分のみで構成されています。さらに顔と首、肘から先の腕の部分のみ人工の肌で覆われていますが、それ以外は機械部分が露出し、じっとしていればそれが機械だということは誰でもすぐにわかります。顔と腕以外はメカメカしい機械人間でありながら、動きと声を与えたとき、それでも人は機械人間に生命を感じることができるのか、そして音と動きのシンクロによって生命を感じることができるのだろうか、という試みが行われたのです。動きを決める言わば頭脳に当たる部分としてCPG（Central Pattern Generator）とニューラルネットワークが使われています。といっても、動きはあらかじめプログラミングされたものではなく、CPGとニューラルネットワークが動きを制御しているので（詳細は後述）、開発者にもオルタがどのように動き、何を表現するかはわかりません。この研究もやはり「生命とは何か」「何に生命を感じるか」という疑問に端を発していて、人間とは何かという課題を機械人間をどう感じるかによって解き明かす術を模索したものなのでしょう。

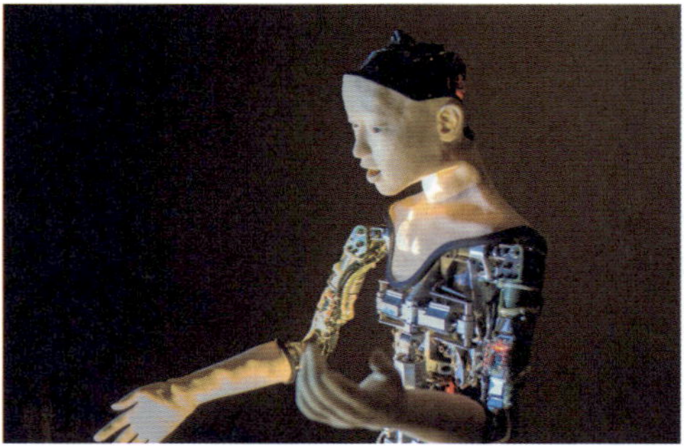

図5-37 オルタは顔と腕の一部が人工の肌で覆われているが、その他は機械がむきだしの機械人間。顔はあえて性別や年齢を感じさせないものになっている。

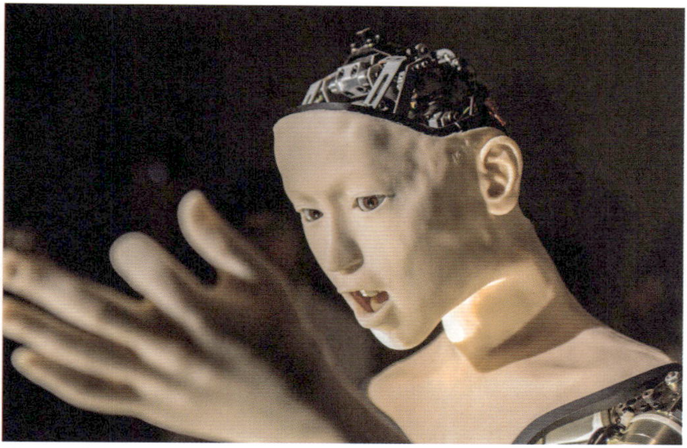

図5-38　首をかしげたり、クチを動かしたり、手を拡げたりとたえず動作している。まるで海の底にいるような音がBGMで聞こえる……やがてそれはオルタの歌声であることに気づかされる。

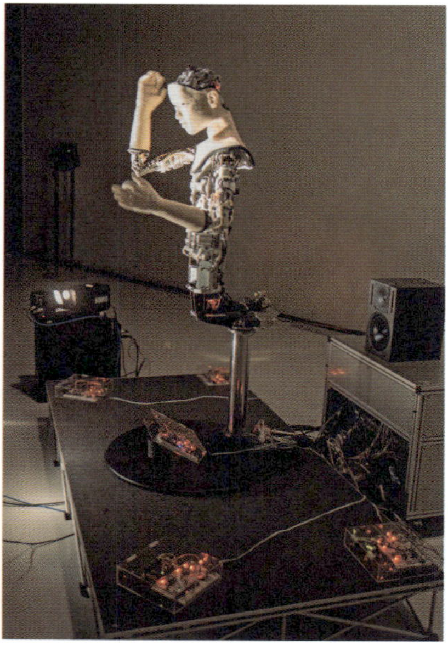

図5-39　オルタの周囲に設置された赤く光っているのが距離センサー類。周囲にいる人数や人との距離、光センサーからの情報によってサンプリングレート自体を変えて、動きに変化が表れる。

5.11　不気味の谷

人間そっくりなヒューマノイドを見たとき、「怖い」と感じる人もいるでしょう。しかし、それは当然な感想だとも言えます。人間そっくりの姿を追求していくと、やがて周囲は不気味と感じる段階「不気味の谷」（uncanny valley）を迎え、その外観からさらに人間に近くなることで、人間同様のヒューマノイドのデザインにたどり着くとされています。不気味の谷は 1970年、東京工業大学名誉教授の森政弘氏が提唱したものです。ロボットは機械的なデザインから人間に近づけていくと、人びとの好感度は向上していきます。しかし、人間と同じデザインにいきつく手前において、好感度が急落して、不快感や嫌悪感を感じる段階があるとしています。「似すぎていて怖い」という感情に似ています。その谷を越えて、さらに人間に近い、ほぼ同じだと認識できるデザインになると好感度がふたたび急上昇すると予測しています。好感度の動きをグラフにした際、好感度は人間と同様とみなす直前で大きな谷を形成することから、その落ち込みを不気味の谷と名づけました。人型のロボットをデザインする場合、この概念を考慮して開発する必要があります。ロボットっぽい動きとデザイン、少し外観や動作が人間に近いアンドロイドは好感を感じますが、似すぎてしまうと不気味の谷によって、嫌悪感を抱かれる可能性が高くなります。石黒浩教授の挑戦はつねにこの不気味の谷と向かい合わせ、いつかこの谷を越える研究なのかもしれません。コンピューターグラフィックス（CG）を用いた映画やアニメーションでも同様の現象が起きるといえるでしょう。人間を描く際は不気味の谷に落ちないように、あえてリアリティを抑えたキャラクターデザインを行なうケースもあるといわれています。

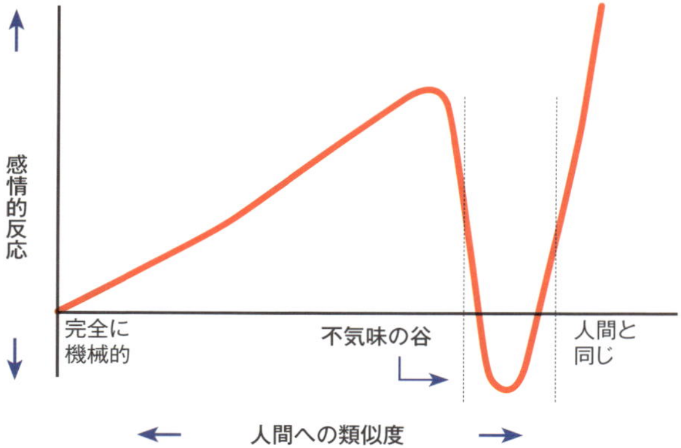

図5-40　不気味の谷

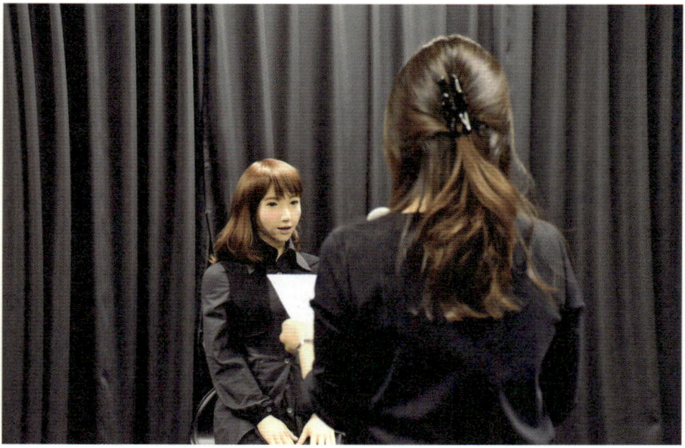

図5-41　石黒浩教授と京都大学大学院情報学研究科の河原達也教授らが開発した自律対話型アンドロイド「ERICA」（エリカ）。人間そっくりの部分に、あえて人工的なデザインが取り入れられているように感じる（※写真提供 株式会社国際電気通信基礎技術研究所 石黒浩特別研究所）

図5-42　ERICAの顔は日本人と欧米人のハーフを意識してコンピューターグラフィックスで整った顔がデザインされた。顔は左右対称で鼻と口、アゴが一直線に並び、アニメのキャラクターのようなアゴへのラインは意識的に整った顔立ちに作られたとも言える。年齢の設定は 23歳。（写真提供：株式会社国際電気通信基礎技術研究所 石黒浩特別研究所）

5.12　変なホテルとロボットの王国

長崎県佐世保市にあるテーマパーク「ハウステンボス」、その中にある「変なホテル」がロボット業界だけでなく、一般の観光客にも新しい体験ができるとして注目されています。

「変なホテル」は先進技術を積極的に導入し、ワクワクと心地よさを追求した世界初のロボットホテルです。ロボットを活用する理由の1つにローコストを掲げ、再生エネルギーなどを利用しています。変なホテルとは変わっていることも確かですが、「変」は変化し続けることを約束する、という意味が込められています。

フロントロビーには、現在市販されているものも含めて多数のロボットが展示され、チェックイン受付は3体のロボットが対応しています。テーブルトップサイズの「NAO」、人間の女性そっくりなヒューマノイド、そして帽子と蝶ネクタイを着用した恐竜型ロボットです。

クロークはロボットアームが担当し、荷物を部屋まで運んでくれるポーターもロボット。ロボット掃除機ルンバや芝刈りロボットも導入されています。各部屋にはテーブルトップ型のロボット「ちゅーりーちゃん」が電気の消灯等を行なったり、天気予報を知らせてくれます。

この「変なホテル」、2017年の3月に2号店が千葉県浦安市の舞浜エリアにオープン予定です。通常なら約20人が必要なスタッフをロボット等の導入によって6人程度に抑える計画です。また、他にも愛知県蒲郡市の「ラグーナテンボス」やインドネシアのバリ島などへの進出も予定しています。

ハウステンボス内でも、ロボットがスタッフとして勤務している「変なレストラン」やロボットの世界をさまざまな方法で体験できるテーマパーク「ロボットの王国」等を2016年夏にオープンし、好評を博しています。

図5-43　2015年7月にオープンした「変なホテル」の受付ロボット。手前はロビーの掃除を担当するロボット掃除機ルンバ980。フロント業務や荷物運び、コンシェルジュ、芝刈りから掃除まで、いろいろな仕事をロボットが担う。

図5-44　恐竜ロボットの案内でチェックインを行う様子。ここで顔認証システムに登録するとホテルの自室には入口に設置されたカメラに顔を見せることで入室できる。

5.13　Pepperだらけの携帯電話ショップ

2016年3月28日、表参道では世界初の試みがスタートしていました。

それは、ロボットだけで接客する携帯電話ショップ「Pepperだらけの携帯ショップ」が期間限定（4月3日まで）でオープンしたのです。通りの入口となっている1階には3台のPepperが配置され、呼び込みと集客、商品の紹介やリコメンド（提案）、受け付けとヒアリングを行います。スタッフは店舗から見えないところでPepperの動作や店内の状況を確認し、顧客からの複雑な質問に回答するために待機してはいるものの店内には常駐していません。そのため、見える範囲内ではロボットだけで接客している状態になっていました。

呼び込みや接客から商品の受け渡しまでのシナリオは、たとえばこのような流れになっています。

図5-45　Pepperが呼び込みや対応する店内には来店客の笑顔が溢れる。奥に年齢と性別を分析した結果を数字で表示しているディスプレイが見える。

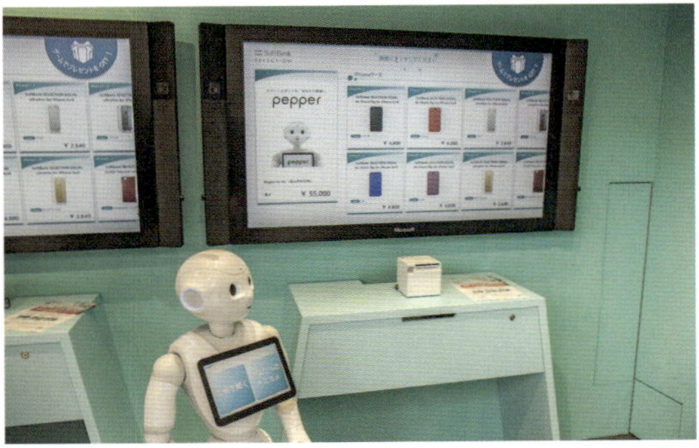

図5-46　Pepperと大型ディスプレイ「Surface Hub」が連動し、年齢、性別、設問に回答した内容に応じて最適な商品を勧める「未来の商品棚」。

店頭でPepperが高い声と軽快な口調で「いま店内には女性のお客様が多いので、男性の方はチャンスですよ〜お♪」などと言って呼び込みをしています。お店に入ると設置したカメラが来店客の年齢と性別を自動解析しています。そのため、店内に女性客が多いとPepperが言うときは呼び込みのためのシャレではなくて、実際に女性客が多い場合にそう言っているのです。店内のPepperは年齢と性別に応じて、人気の高い商品を勧めます。勧めたい商品の一覧や詳細はPepperの横に設置された大型ディスプレイに表示されます。Pepperと大型ディスプレイが連動して商品を紹介し、オンライン予約や注目を受けるシステムはソフトバンクロボティクスとマイクロソフトが共同で発表した「未来の商品棚」（仮名）が使われています。Pepperはネットを通して本格的なクラウドプラットフォーム「Microsoft Azure」（アジュール）に接続しています。顧客に対応する端末としては大画面ディスプレイを使って説明するロボットですが、バックグラウンドではMicrosoftがビジネス向けに提供している本格的なプラットフォームが支えていて、商品の提案や販売管理を迅速に行なっています。

この店舗で購入して商品の受け取りができるのは、実は「iPhone 6S 16GBモデル」のみ。来店客が1階でこの機種が欲しいとPepperに注文すると簡単なヒアリングを行ってPepper横の小型プリンタから受付票が発券されます。それをもって2階に上がり、契約担当のPepperと1対1で購入申込みを行ないます。

申込み内容の確認や審査は裏手のスタッフが行ないますが、その間は3階の待機室に上がって時間つぶし。複数のPepperが

図5-47 契約手続き担当のPepper。入力はデスクのタブレットで行い、周囲のスキャナで証明書類の読み込み、プリンタで契約書の印刷等が行なえる。赤いボタンはスタッフを呼び出したいときに押す。

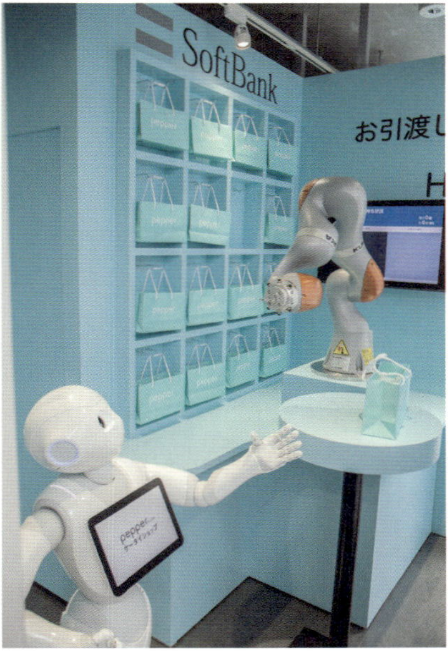

図5-48　商品受け渡しコーナー。商品はスタッフによって棚に並べられていて、Pepperが受付票を読み取り、顧客に納品する商品をロボットアームが棚から取り出して完了。

連携したダンスを披露してくれます。

審査が終わると連絡が入り、ふたたび2階に降ります。Pepperに受付票を見せるとKUKA製のロボットアームが商品が入った小さな袋を棚から取り出して受け取ります。

ここにも重要な2つのポイントがあります。1つは、会話が得意なコミュニケーションロボットが話をして、正確な作業が得意なロボットアームが商品を取り出してくれることです。コミュニケーションロボットはモノをつかんだり引っ張ることはできません。ロボットアームは会話や人と接することが得意ではありません。

もう1つはまったく異なるロボットが連携してひとつの作業を行なうことです。つまり「ロボットの協働」です。それぞれの向き不向きを補完しながら、ひとつの作業をこなすのです。Pepper

単体ではできないことが、他のロボットと連携することでできるようになる作業は他にもたくさんあるかもしれません。

実際のところ、現時点ではロボットによる接客能力は十分ではありません。店舗を無人にできるわけでもなく、人間のスタッフよりたくさんの商品が売れる話術があるとも思えません。つまり、常設店舗としてはロボットだけで運営することは非現実的です。

しかし、この「Pepperだらけの携帯ショップ」は、世界初となるロボットだけで接客する携帯電話ショップということだけでなく、未来の可能性を試すデモンストレーションの場という意味ではとても意味のあるものでした。今はまだまだ能力不足のロボットたちですが、このようなショップを実現するためにはどんな技術が足りないのか、何が必要なのか、これからどう開発を進めていくべきなのかという道を示したのです。

また、ロボット同士の協働や、人とロボットの協働はこれからの社会で最も重要なテーマの1つとなっていくでしょう。

第6章

ロボットと人工知能の連携

6.1　AI音声アシスタント

「Amazon Echo」(アマゾンエコー)が海外では大ヒットしています。ある報道によれば、累計売上は2016年末時点で650万台を突破をしたとのことです。

エコーの商品カテゴリーは従来の慣例で言うとスピーカーです。筒型をしたかっこいいとも言えないデザインです。今までのスピーカーと大きく異なる点は人の音声を認識し、会話を理解し、質

図6-1　Amazon Echoの外観。スピーカーとして使用することができるが、ユーザーが音声で質問したことに回答する人工知能スピーカーだ。

問されたことに答える「人工知能スピーカー」だというところです。

スピーカーと呼ぶにはあまりに知的なので、最近では「AI音声アシスタント」等とも呼ばれます。　たとえば、AI音声アシスタントに「ロボットってなに？」といった質問をすると「ロボットは人の代わりになにかの仕事を自律的に行なう装置です」と応えるかもしれません。

「話しかけたことに回答するなら、スマートフォンでもすでにできるじゃないか」と思うかもしれません。しかし、スマホに搭載されている多くの音声エージェントは「ロボットってなに?」という質問に対して、「ロボットの情報がみつかりました」等といって関連するウェブページやウィキペディアのページを画面に表示します。すなわちスマホの音声エージェントはユーザーが画面のキーボードをタッチ入力する文字を音声から変換入力しているにすぎないのです（これはこれで優れた技術ではあるものの）。

ちょっとした違いに感じるかもしれませんが、技術的には大きな違いがあり、知的に振る舞っているかという点でも「AI音声アシスタント」とスマホの「音声エージェント」とは大きな違いがあ

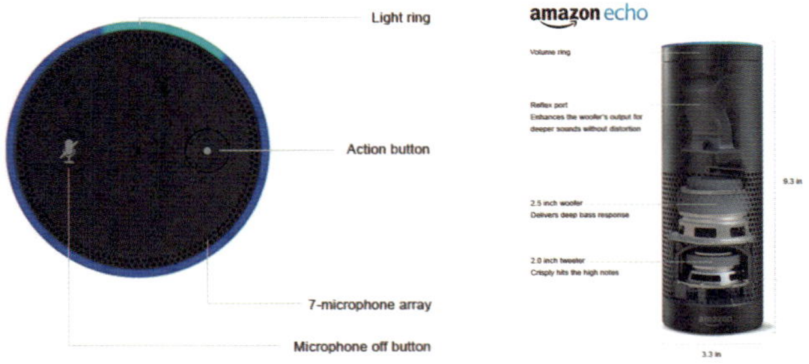

図6-2　Amazon Echoの構造。外観上、目立つものはエコーが動作しているか視認できるLED（ライトリング）のみ。360度音声を聞き逃さないよう、製品の頭頂部に7つのマイクを内蔵。（Amazon Echo https://www.amazon.com/Amazon-Echo-Bluetooth-Speaker-with-WiFi-Alexa/dp/B00X4WHP5E ）

ります。

エコーの筒型のボディにはどこから話しかけられても聞き逃さないように7個ものマイクが360度集音できるよう配置されています。スピーカーのトゥイーターとウーハーは縦に配置され、十分にスペースが確保されていて、無機質なデザインに見えますが、筒型デザインにも合理的な理由があるように思えます。

エコーの人工知能は「Alexa」(アレクサ)と呼ばれ、インターネット上のクラウドにあります。会話の前に「アレクサ」と呼ぶことで反応し、聞き取りを開始します。回答の応答速度にも驚かされます。発話した質問がすぐに返ってきます。もちろんアレクサの返事が「わかりません」だったとしてもすぐです。

改めて整理して解説します。

エコーはスピーカーですが、Amazonはアレクサという「AI音声アシスタント」を開発し、エコーと繋げました。ユーザーはエコーを通して、人工知能アレクサと会話し、質問したり、音楽をリ

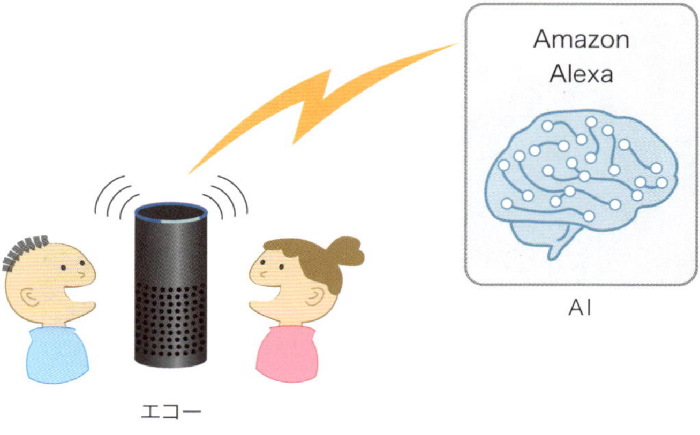

図6-3 ユーザーはエコーを通して、アレクサに質問やお願いをすることができる。

クエストしたり、ニュースや天気予報、レシピを聞くことができます。もちろんAmazonで買い物をすることもできます。スマートホームに対応した照明機器、エアコン、カーテン、テレビなど、さまざまな家庭用機器をエコーを通して音声でコントロールしたり、大好きな本を読み上げてもらうことも可能です。

Amazonは水面下で長年開発してきた「Amazon AIプラットフォーム」を発表し、アレクサと同様の機能を他社が組み込んで開発できる「Lex」(レックス)の提供を2016年12月に発表しました。

今後はアレクサと連携し、会話したり、回答を返す機能をもったさまざまな製品がAmazon以外からも登場してくる可能性があります。実際に2017年1月にラスベガスで開催された「CES 2017」(国際家電見本市)では、フォードが自動車(車載情報システム)、ファーウェイがスマートフォンにアレクサを搭載することを発表したほか、冷蔵庫、テレビ、スピーカーなどが多数展示されました。

6.2　ロボットとの会話

この章の冒頭でなぜAI音声アシスタントの話題に触れたのかというと、AI音声アシスタントと会話ロボットの利用方法はとても近く、コミュニケーションロボットに必要な技術のいったんが端的に理解しやすいからです。前節で解説したとおり、AIはクラウドにあり、ユーザーはマイク付きスピーカーという言わば「端末」を通してAIと会話しています。この「端末」をネットワーク業界用語で「エッジ」と呼びます(ネットワークの端の意味)。エッジはユーザーとネットワークの境界であり、とても重要なものです。しかし一方で、人工知能側、すなわち"クラウド側の視点から見れば"、エッジの種類は重要ではないという考え方があります。

つまり、エッジがスピーカーであっても自動車のメーター周りに設置されたマイクであっても、スマートフォンでも、そしてロボットでも、どんなカタチでもよく、ネットワークを通じてAIと会話がしやすいカタチであればなんでもよいという考え方です。

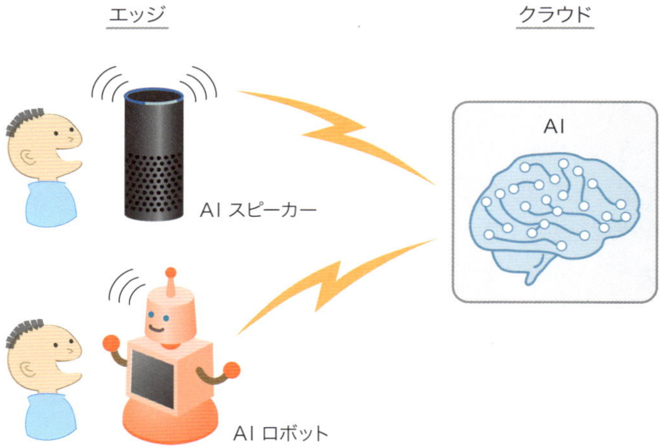

図6-4 エッジはスピーカーでもロボットでもよい。音声アシスタントとしてのロボットの最も重要な機能は人の会話を理解し、人の質問にきちんと知的に応えること（内容が雑談であったとしても）

ロボットをスマートフォンの延長だという意見もありますが、その意見には正しい部分と間違っている部分があります。正しい部分はカメラ、マイク、センサーなど、ロボットの多くの技術がスマートフォンと共通だということです。

間違っている部分はまず、ロボットは音声を聞いて発話で返すということです。本来、スマートフォンのように「画面の内容を読んでください」という回答方法は正しくありません。ロボットは人間の代わりになることをめざす装置ですから、「もしも人間が応対したとしたら」、を常に前提に考えるべきです。「この資料を読め」とだけ返されたら、相手が人間であってもムッとします。しかもその資料が的はずれだったり難しいものであれば、ロボット自体が「使えない」と判断されてしまいます。画面や資料を使う場合は、グラフや数字をそこに表示して、説明自体はロボットが行うべきです。説明が上手な人はきっとそうするでしょう。

そのため、ロボットとの会話は本来、前項で解説したスマホの音声エージェントであるべきではなく、AI音声アシスタントによるものでなければなりません。

図6-5　ロボットに質問した内容がスマートフォンの音声検索と同様だと知的さや便利さは感じない（「東京チャレンジャーズってなに?」と聞くと、東京チャレンジャーズのホームページやWikiを表示する）

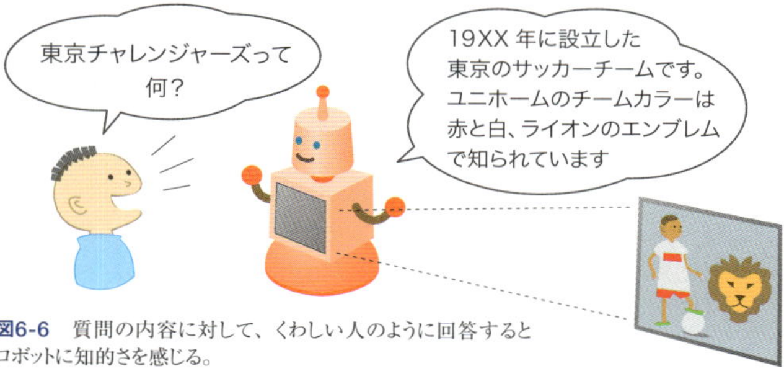

図6-6　質問の内容に対して、くわしい人のように回答するとロボットに知的さを感じる。

しかし、理想はそうだとしても、技術的にはけっして簡単ではありません。それを可能にするのではないか、といわれているのが「AI（人工知能）関連の技術」なのです。そして、AI音声アシスタントのヒットによって、その光明が見えてきたといえるかもしれません。

6.3　見る、感じる、話す能力とAI関連技術

ロボットの開発側からみると、エッジとしてのロボットはけっして筒型のスピーカーと同じではありません。顔に表情があるロボットには可愛さを感じますし、クビをかしげて「わからない」ことを表現できます。手や足があればダンスをしたり、身体全体を使った表現も可能となります。移動できればユーザーのあとをついていったり、何かをもってくることもできるかもしれません。

どのロボット製品が、ということではなく、コミュニケーションロボット全般として重要な能力として「見る」「感じる」「話す」の3つがあげられます。

Ⓐ 誰かいる
Ⓑ 何か探している
Ⓒ 家族ではない
Ⓓ 怪しい人だ
緊急性アリ

図6-7　「A.誰かいる」はロボット自身の人感センサーで検知できる。B〜Dの、何かを探していることやそれが誰なのかの認識、緊急性があるかどうかの判断はAI関連技術を使うと精度が高くなる。

1. 見る（カメラ機能）

多くのロボットはカメラ機能がありますから、ロボットの周囲にはどこに何人いるのかを把握することができます。声がするとロボットはその人の方向を向くために顔を振って探します。「顔認証機能」があればそれが誰なのかを判断することができ、その人の趣味趣向に合わせた話題で会話をすることができます。

留守番をしているとき動くものがあれば検知し、それが何であるかを判別し、異常と判断すれば、登録された連絡先に通知します。

2.感じる（センサー）

「第3章 ロボットの基礎技術」で解説したとおり、ロボットには非常に多くの種類のセンサーが搭載されています。たとえば、センサーから得られる情報には、温度、湿度、時間、身体のバランス、明るさなど、周囲やロボットの状態を示すものがたくさんあります。そしてそれらはロボットの頭脳でなんらかの判断の基準となったり、これから起こることを予測する情報となったりします。

温度が32度だ	→	今日は暑いですね
周囲が暗い	→	照明をつけますか?
自身が転倒する	→	すべてのサーボの力を抜いて衝撃に備えよ（故障の回避）
人が近づいてきた	→	少し下がって人との衝突を避けよう

など

3.話す（マイクロフォン）

ロボットは会話を中心に人とコミュニケーションをとります。その上で音声を聞き取り、言語を認識し、言葉の意味や意図を把握することは、意思の疎通にとってとても大切なことです。

この3つの要素の情報を得るには一般のロボットが通常備えている代表的なデータ入力装置がポイントとなりますが、すべてにおいて「認識」「分析」「判断」が重要であることがわかります。そして、この3つの能力はAI関連技術、とりわけディープラーニングなどを利用した機械学習によって、精度アップが期待できる分野なのです。

そのためにロボット技術には人工知能関連技術がとても重要で、進歩の鍵を握っているといわれているのです。

【ロボットの機能】

1.見る（画像）
　画像認識、識別、検知、判断

2.感じる（センサー）
　状態・状況認識、分析、予測

3.話す（マイク/スピーカー）
　音声認識、会話分析、会話の意図の理解、回答の検索、最適な回答の判断、回答からの発話

6.4　汎用人工知能と特化型人工知能

ロボットの機能は人工知能関連技術によって飛躍的に向上する可能性があります。では、そもそも「人工知能」とはなんでしょうか。そして「人工知能関連技術」とはなにをさしているのでしょうか。

人工知能とは英語で、Artificial（人工的な）Intelligence（知能）です。これを略して「AI」（エーアイ）と呼びます。この言葉が最初に登場したのは今から60年前、1956年のこと。学術研究分野として「人工知能」が話し合われた「ダートマス会議」で提案されたもので、それ以来ずっと研究は続けられてきました。

映画やアニメ、小説などフィクション（SF）の世界にもAIは頻

繁に登場します。物語の中に登場するAIの多くは、人間を超えた知識をもち、質問したことにはなんでも回答し、時には予測やアドバイスをくれる、知的なコンピュータです。全知全能のコンピュータとして描かれている場合もあり、ヒューマノイドと併せて、人間の社会にまぎれ込んでいる設定のストーリーまでよくある話です。

質問したことになんでも回答して予測やアドバイスができる人工知能を「汎用人工知能」または「AGI」(Artificial General Intelligenceの略)と呼びます。多くの研究者にといってAGIの開発はめざしているゴールです。現在はまだAGIはどこにも存在していませんし、実現までには長い道のりがあるといわれています。

図6-8　映画や小説などに登場する人工知能ロボットはこんな感じで人の疑問に答えたり、相談に乗ってくれる。しかし、これを実現するまでの道のりはまだまだ遠い(Amazon Echoはなんとなく近いイメージなので未来的だ。しかし、応えられる質問はまだまだ限定的だ)

一方、ニュースの見出しで「教育に人工知能を導入」とか「人工知能による作曲」といった文字を見ると、まるで汎用人工知能を搭載したヒューマノイド・ロボットがすでに存在していると勘違いしてしまいそうですが、そうではありません。

今、話題になっているAIとは「ディープラーニング」と呼ばれる「機械学習」の手法や実践するシステムを指しています。

機械学習とは文字通り、機械にものごとを学習させることですが、この分野に人間の脳を模倣した「ニューラルネットワーク」という技術を導入したことが新しいのです。

今までのコンピュータは、プログラマが開発言語を使ってプラグラム・コードを記述することによって開発してきましたが、ニューラルネットワークを使ったコンピュータはまるで人間が学習したり、経験を積むかように、ものごとを学習していく手法がとられます。それによって「認識」「分析」「判断」あるいは「予測」といった、人間の方がコンピュータより優れていたことのごく一部分でコンピュータの能力が格段に飛躍したのです。そのため、一般のニュースでは「AI」と表現してしまっていますが、導入された技術は「ニューラルネットワークを利用した機械学習」等です。あえて「AI」という言葉を使うのであれば、特別な分野、あるいは特別な能力に限って活用されるAI技術という意味で「特化型人工知能」(特化型AI)と呼んで区別すべきなのです。

前のイラストのロボットを例にとると、ロボットはユーザーとの会話の意味を正確に理解し、画面から映画の人物が誰か認識し、ユーザーが求めている付帯情報を推測してその人物の経歴を読み上げることができれば、そのロボットに知性を感じるでしょう。そして、映画の俳優だけでなく、スポーツ業界や音楽家、作家などさまざまなジャンルでユーザーの質問に回答できれば、この分野で一般の人間を超えたといえるかもしれません。

少しでもそのようなコンピュータに近づけるため、学習させる方法が機械学習であり、ニューラルネットワークのディープラーニングです。

6.5　ニューラルネットワークとディープラーニング

「ニューラルネットワーク」とは、人間の脳の神経回路のしくみや構造を模した数学モデル（学習モデル）のことです。

ニューラルネットワークが話題になったできごと

話題の発端となったのは、GoogleとGoogleが買収したDeepMind（ディープマインド）社です。従来のコンピュータシステムにニューラルネットワークを導入することで、驚くような出来事がニュースとして報道され、一躍ニューラルネットワークが重要なキーワードに躍り出たのです。

・Googleの猫

2012年、Googleの研究部門が、YouTUBEから抽出した任意の画像を大量に独自開発のニューラルネットワークに与えたところ、自律的に「猫」を発見、理解して判別できるようになった。

・ゲームのルールや裏技を自動的に学習して上達する「DQN」

2015年、Googleに買収されたディープマインド社がビデオゲーム（TVゲーム）をプレイするために開発したニューラルネットワーク搭載の人工知能「DQN」が、ルールを教えなくてもゲームのプレイを学習し、ルールを自律的に理解、裏技をみつけるなどして人間の上級者を超えるスコアが出せるようになったとNature電子版に発表した。Atari 2600と呼ばれる中の49種類のゲームを自律的に行うコンピュータだ。

・アルファ碁が人間の実力者に勝利

2016年3月、世界的に知られる囲碁の実力者である韓国のイ・セドル氏とディープマインド社が開発したコンピュータ「AlphaGo」(アルファ碁)が対戦。おおかたの予想を覆してアルファ碁が勝利。

ディープラーニングで猫の特徴量を学習

人間の脳は、膨大な数の脳細胞(ニューロン)をシナプスが結合して記憶や学習、計算や予測などを行います。最も端的な例が「猫」を見分けることです。

従来のコンピュータでは猫だと見分ける基準(たとえば、耳が三角とか、ヒゲが長いとか)をプログラマが設定する必要がありました。しかし、猫の見分け方を言葉で説明するのが困難なように、プログラミングで見分け方を表現したり、記述したりするのは難しく、時間もかかり、その割りには認識精度は高くないのが実状でした。

かりに人間ならどのように「猫の見分け方」を学習するでしょうか。きっと、身近に猫がいるならそれをじっくりと観察したり、猫の写真やイラストをたくさん見ることで、猫を学習します。

ニューラルネットワークは人間の脳を数学的に模倣したモデルなので、まるで人間と同様に学習します。すなわち、膨大な量の写真や画像を見ることで「猫」を学習するのです。これがニューラルネットワークによる機械学習の方法です。

ニューラルネットワークの中でも、ニューロンの数を増やして、より深く考えて学習する方法が「ディープラーニング」(深層学習)です。

猫の画像を分類できるようになるには、一度細かく画像を分割

図6-9　犬と猫を分類する設問。人間が答えるのは簡単に思えるが、コンピュータに判断させるとなると、プログラミングは難解だ。そこでニューラルネットワークの出番。

して分析した上で、猫の「特徴量」を導き出します（数学モデルなので、実際には特徴量はベクトルデータと呼ばれる数値です）。一度、猫の特徴量が算出（抽出）できれば、その特徴量に該当した画像は猫が写っていると判断できるようになります。

この例のケースでは、猫と見分けるための特徴量を抽出するのに必要となるのは膨大な数の「画像」データです。それが「ビッグデータ」です。

さらに必要となるのが、演算処理が高速なコンピュータです。ディープラーニングを行って学習するには細かな分析のための並列演算を行う必要があり、さらに膨大な数のビッグデータを処理するのでその処理にとても時間がかかります。通常のコンピュータでは学習するのに数日、数週間、数ヶ月かかるというケースも稀ではありません。

ニューラルネットワークはGoogleが実践に導入

ニューラルネットワークの分野で最もリードしている企業のひとつがGoogleです。Googleはニューラルネットワークの技術をさまざまな既存のサービスに導入して成果を上げています。

【Googleがニューラルネットワークを導入したサービス】

Google翻訳

単語単位の翻訳から文章の意図を考慮した翻訳に(人間の翻訳者に近い文章になった)

Gmail

スパムの判定(スパム判定の精度が99.9%に向上)

Google音声入力

人物の声とノイズとの判別(認識精度が25%向上)

Google Photo

投稿した写真に写っている人物の判別、特定

何がどのような状況で写っているかの判別

6.6　GPUとロボット搭載用AIコンピュータボード

前項では、膨大なビッグデータをディープラーニングで機械学習する場合、処理するのに数週間もかかる場合もあると解説しましたが、そんなケースではスーパーコンピュータがないとディープラーニングが導入ができないという課題が発生します。

一般にこれらのシステムは一度学習すれば完成というわけではなく、継続して学習していく必要があります。

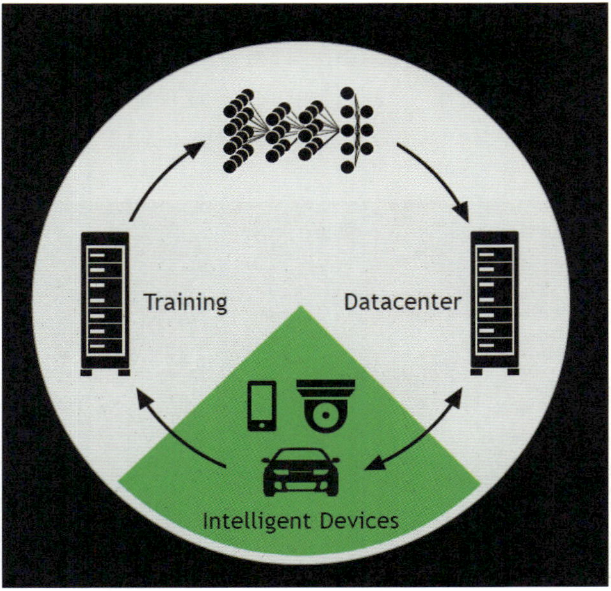

図6-10　機械学習は継続的なビッグデータの蓄積、トレーニングとチューニング、ディープラーニングによる学習の繰り返しでパフォーマンスを向上させていく。（NVIDIAのプレゼンテーション資料より）

そんな状況に対して、演算時間を劇的に短縮する救世主が現れました。それが「GPU」テクノロジーです。GPU（グラフィックス・プロセッシング・ユニット）とは、グラフィックボードに使われているグラフィックチップとして知られています。ディープラーニングに必要な並列演算（行列演算）を処理する技術がグラフィクスの処理と共通のため、GPUとその製造で有名なNVIDIA（エヌビディア）社が一躍脚光を浴びています。

CPUの性能をよくコアの数で表現することがあります。デュアルコア（2個）、クアッドコア（4個）などと呼び、複数のコアがあるCPU環境をマルチコアと呼びます。マルチコアは同時並列処理を実現しますが、GPUはこのコアに相当するものが数千個の単位で構成されています。これだけを見ても、並列演算処理に対してGPUとCPUでは、大きな構造上の違いがあることがわかります。

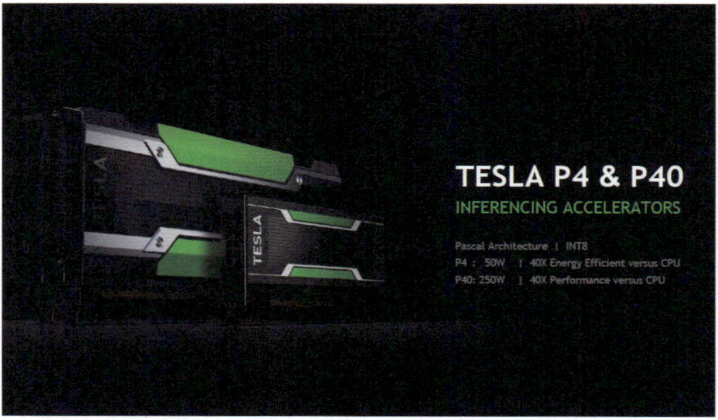

図6-11 NVIDIAのGPUボードTESLA P4 & P40。NVIDIAでは、NVIDIA製GPUボードでディープラーニング用ライブラリを簡単に利用するためのフレームワークも提供している。（NVIDIAのプレゼンテーション資料より）

開発者はGPUを複数個搭載したコンピュータシステムを構築することで、桁はずれな高性能CPUを搭載したスーパーコンピュータと並列演算にかけてはひけをとらないディープラーニング向けコンピュータを比較的廉価に構築することも可能になります。そのため、NVIDIA社はビジュアル（グラフィクス）コンピューティング・カンパニーから脱却し、AIコンピューティング・カンパニーをめざすようになりました。

自動運転車やロボットにもディープラーニングを展開

NVIDIAでは、自動運転やロボットでニューラルネットワークを使いたいと考える開発者に向けて、ボード型コンピュータで応えようとしています。

自動運転車両に組み込む自動運転車向け AI車載コンピュータ「NVIDIA DRIVE PX2」をリリースし、オートクルーズから完全自動運転までを同一のアーキテクチュアでスケーラブルに提供していくことを推進しています（テスラモーターズは「NVIDIA DRIVE PX 2」を採用し、完全な自動運転機能の実現に向けて

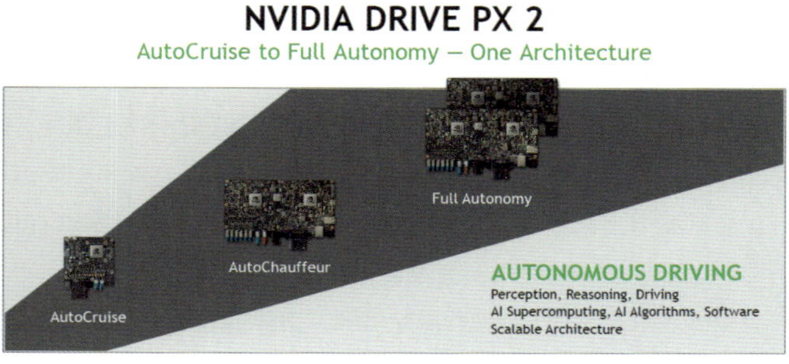

図6-12　「NVIDIA DRIVE PX 2」はオートクルーズから完全自動運転まで、レベルに併せて3種類がラインアップ。（NVIDIAのプレゼンテーション資料より）

図6-13　自動運転の開発とテストに使用されているNVIDIAの自動運転車「BB8」（コードネーム）（NVIDIAのプレゼンテーション資料より）

開発を進めることを表明しています）。

さらに自社開発で自動運転用OS「DRIVEWORKS」を開発し、乗用車やトラック、シャトルなどの無人のAIトランスポーテーションを構築したいと考えているメーカーや地方公共団体等に提供していくことで1000兆円産業を創出する考えです。

ロボットやドローン、自動掃除機等、自律的に動作する比較的小型の機器に対しては組み込み型のAI搭載コンピュータボード「NVIDIA Jetson」（ジェットソン）をリリースしています。NVIDIA

JETSON TX1はクレジットカードサイズで256基のコア（NVIDIA CUDAコア）を搭載し、ディープラーニングなどの並列演算処理をロボット単体でも実行できる環境を提供しています。

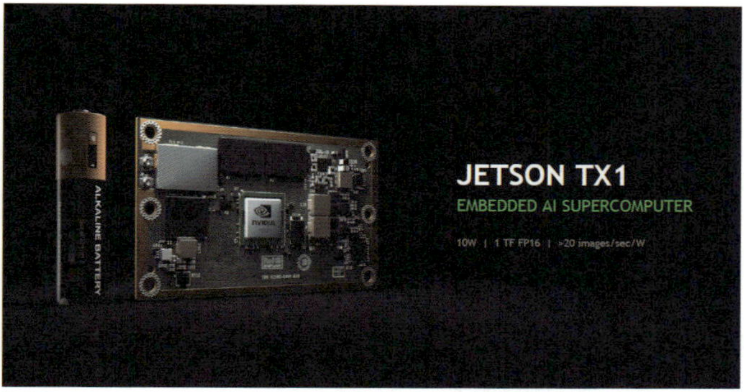

図6-14　ロボットなどに組み込み用として提供しているGPU搭載のAIコンピュータボード「NVIDIA JETSON TX1」。単三乾電池と比較したもの。（NVIDIAのプレゼンテーション資料より）

NVIDIA Jetsonシリーズはすでに、トヨタ自動車のロボット「HSR」やサイバーダイン製の業務用自動掃除機や自動搬送用ロボットなどで試験運用や実用化がされています。

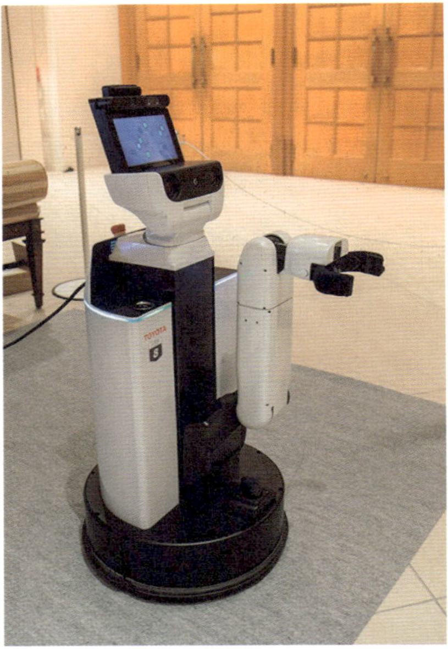

図6-15　トヨタ自動車が開発し、実証実験中のロボット「HSR」。NVIDIA Jetsonを搭載している。カメラ画像から周囲の状況を分析するのにディープニューラルネットワークで学習したり、判断したりする。

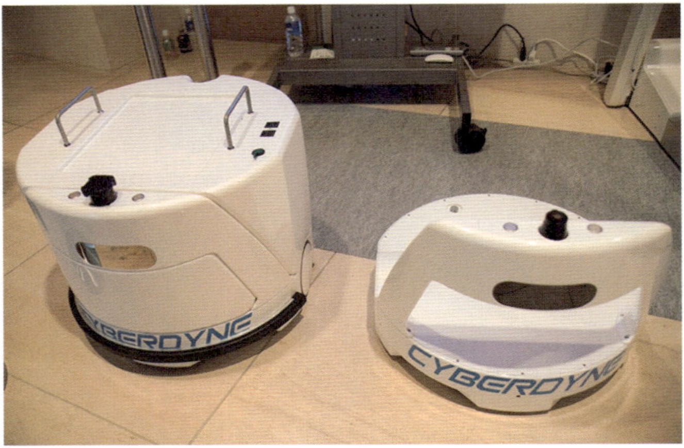

図6-16　サイバーダインが開発した「クリーンロボット」(自動掃除機:左)と「搬送用ロボット」(右) NVIDIA Jetsonが自律歩行を支援する。

6.7　経験と報酬

膨大なビッグデータをもとにディープラーニングによって機械学習を行うプロセスはいわば「経験」を一気に積ませることです。それはエンジニアが細かいプログラムコードをひたすら書いて設定する作業から解放し、開発の効率性を高める場合もあります。

習うより慣れろの強化学習

機械学習をあえて日常の学習にあてはめるならば、“習うより慣れろ”、“体得”することで理解する学習方法に似ています。トレーニングによる試行錯誤からはじまり、直近の目標を達成して次のレベルをめざすことを繰り返しながら上達していく学習方法です。

人間の学習の中にはマニュアルに記述できないものもあります。たとえば、自転車に乗ったり、コマを回すなどの体得が必要な技能は、マニュアルに書かれた内容を理解したとしても、それができるようなるとは限りません。むしろ、やってみて初めてコツを理解し、自転車に乗れたり、コマを回せるようになります。

このように人間と同様、失敗と成功を繰り返し、試行錯誤から学習する方法を「強化学習」と呼びます。

このとき機械には何が「成功」なのかを知らせる必要があります。成功がなにかわからなければ学習ができません。これを「報酬」や「得点」と呼びます。成功したとき、たとえば対局で勝利したとき報酬が与えられ、短時間で勝ったときにより多くの報酬が得られるようにすれば、AIコンピュータはできるだけ短時間で勝利する方法を自律的に学習していきます。

自転車の例で言えば、転倒せずに1m走ることができれば「報酬」

が与えられます。5m走ることができればもっと良い報酬（高いスコア）が、10m移動できたらさらに高いスコアが得られるとします。このようにより長時間、転ばずにバランスをとって遠くまで行けるほど、高いスコアが与えられれば、コンピュータは高スコアを求めて実行を繰り返すことで成功から学び、自律的に成功する方法を学ぶことになります。それはまるで人間が経験によって体得するように似ています。

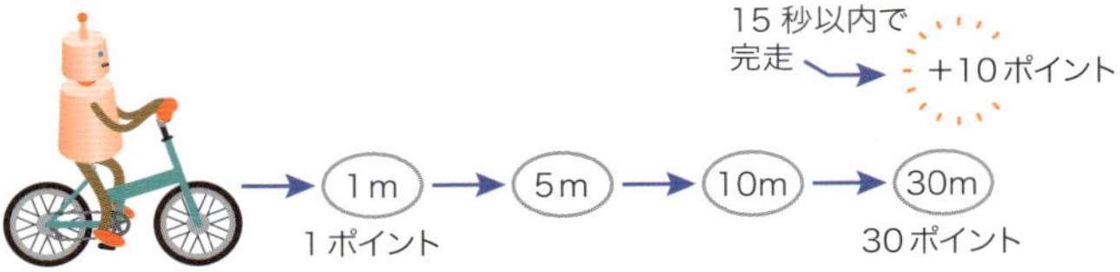

図6-16　ロボットは自転車で距離を稼ぐほどポイント報酬が得られる。また、スムーズに走るために所要時間でも報酬が得られれば上達をめざして学習する。

ロボット開発の分野では、実はこの技術はとても重要です。ロボットはセンサーによって自身や周囲の状況を判断して次の行動を起こします。かりにロボットが自転車に乗るシステムを開発しようとすると、従来はエンジニアがセンサーの情報からロボットの姿勢を細かく制御するための綿密なプラグラミングが必要でした。センサーからの情報をもとに姿勢を制御してバランスをとるプログラム・コードで細かく指示（コーディング）するのはとても大変な作業ですが、ディープラーニングの機械学習によってこれが実現するようになれば、細かなプログラミング作業から開放される可能性があります。

このように機械学習の最大の利点はエンジニアの工数が減ることだという人もいます。実際に技術者がコーディングによって細かな設定を行おうとすると膨大な時間がかかりますが、センサーからの情報を得たコンピュータが最適な姿勢を自動で制御できれば技師の工数は減るでしょう。しかし、それよりも今までコーディングでは設定できなかった細かい制御や臨機応変な対応力、今まで想定外と思われていた不測の事態を予知し、即時に切り抜けられる拡張性などにもおおいに期待したいところです。

機械学習では、用途や利用法によって最適な学習方法が異なりますので、最もパフォーマンスが上がる、効果的・効率的、と見込まれる学習プロセスを選択することが重要であり、その見極めが技術力のひとつになります。

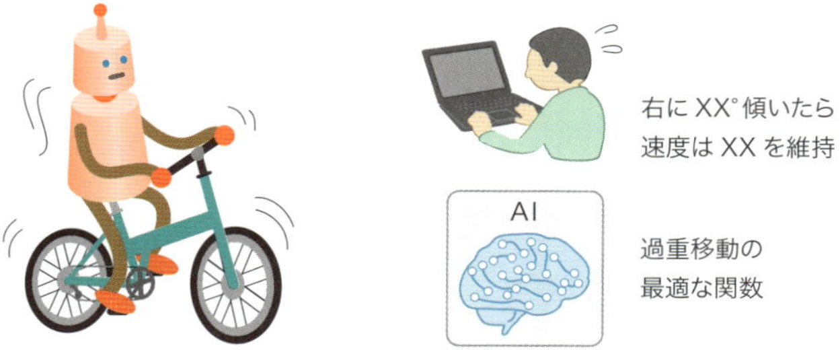

図6-17　ロボットは各種センサーを使って自転車のバランスを取ろうとする。自律的に行うためのプログラミングを従来はエンジニアが細かくコーディングしたり、姿勢の自動制御ソフトウェアを開発していた。AI関連技術の導入により、姿勢制御のアルゴリズムがある程度自動化できる可能性がある。

6.8　ロボットと人工知能

目標は西暦2050年、「サッカーの世界チャンピオンチームに勝てる、自律型ロボットのチームを作る」こと。"まさか"と思うようなこのテーマはロボットの国際大会「RoboCup」(ロボカップ)のものです。

ロボカップの第一回が名古屋で開催されたのは1997年のこと。「ロボット工学と人工知能の融合」を推進するために自律移動ロボットによるサッカーを題材として日本の研究者らによって提唱されたのです。その夢は20年を経て、2017年のロボカップはふたたび名古屋で開催されます。

本書で紹介したマイクロマウス競技も人工知能による自律走行ロボットの競技会です。このように、ロボットと人工知能の発展は切っても切れない関係にあります。

ロボットの、見る、話す、判断する認識能力はディープラーニングによって格段に進化することが期待されています。

米スタンフォード大学が開発した画像データベース「ImageNet」に関連した国際的なコンテスト「ILSVRC」(ImageNet Large Scale Visual Recognition Challenge)が定期的に開催されています。物体認識(画像認識)のコンテストで、何が写っているかの回答を競います。コンピュータが間違う率を「誤回答率」や「エラー率」と呼び、それらの数値が小さいほど上位になります。2012年、このILSVRCにおいて、トロント大学のジェフリー・ヒントン教授率いるチーム「スーパービジョン」がエラー率で2位以下を10%以上も引き離して優勝したことに注目が集まりました。それまでは約26%程度のエラー率だったのですがスーパービジョンはエラー率17%と、圧倒的な強さを見せました。そしてこれは「ディープラーニング」による機械学習の成果だったのです。

この争いはここ数年、さらに熾烈をきわめて、2014年のGoogleNetは誤回答率6.7%で優勝を果たし、2015年、マイクロソフトの「ResNet」(Deep Residual Learning)はエントリーした5部門すべてで1位を獲得する快挙を成し遂げました。そのときの誤回答率は3.57%に達しました。人間の誤回答率は5%前後といわれていますので、ディープラーニングによる画像認識技術は人間の認識率を超えたとまで言う人さえ現れました。

音声認識の世界でも成果を上げ、2016年10月、マイクロソフトが音声認識の単語誤り率で5.9%を記録したことを発表しました。ニューラルネットワークと機械学習を組み合わせたシステムを用いて、従来は10%程度だったものを大幅に記録を塗り替えたことになります。

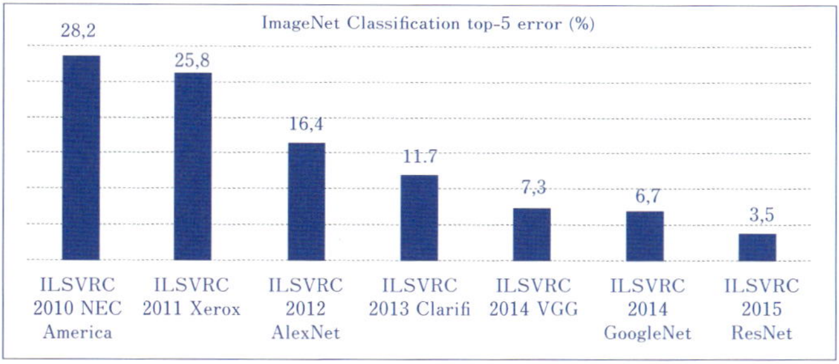

図6-18　ImageNetの物体認識（画像認識）コンテスト2015で、マイクロソフトはエントリーした5分野ですべて1位を獲得し、エラー率は3.5%を記録した（出典: Microsoft）

これから数年はAI関連技術が社会に変革をもたらす時代になるとも言われています。それはロボットの能力の飛躍も意味しています。

これから先の未来に、ロボットと人工知能がどうかかわっていくのか、とても楽しみです。

索　引

R～V

あ

資料協力

株式会社 ABEJA
株式会社 AGI
cocoroSB 株式会社
DMM.make ROBOTS
iRobot Corporation
株式会社 MJI
NVIDIA Corporation
THK 株式会社
株式会社アールティ
あいあい耳鼻咽喉科医院
アスラテック株式会社
インテュイティブサージカル合同会社
ヴイストン株式会社
小田急電鉄株式会社
京浜急行電鉄株式会社
株式会社 国際電気通信基礎技術研究所
国際ロボット連盟
株式会社ココロ
近藤科学株式会社
サイバーダイン株式会社
シャープ株式会社
株式会社シャンティ
水道橋重工
セールス・オンデマンド株式会社
株式会社仙台放送
ソフトバンクグループ株式会社
ソフトバンクロボティクス株式会社
公益財団法人ニューテクノロジー振興財団
株式会社タカラトミー
株式会社デアゴスティーニ・ジャパン
日本科学未来館
ハイアット リージェンシー 東京
ハウステンボス株式会社
株式会社不二越
富士ソフト株式会社
双葉電子工業株式会社
フュープライト・コミュニケーションズ株式会社
株式会社ホテル小田急
株式会社みずほ銀行
株式会社三菱東京 UFJ 銀行
株式会社安川電機
ユニロボット株式会社
株式会社ロボ・ガレージ
ロボットスタート株式会社
（敬称略、五十音順）

著者

神崎洋治（こうざき ようじ）

ロボット、人工知能、パソコン、デジタルカメラ、撮影とレタッチ、スマートフォン等に詳しいテクニカルライター兼コンサルタント。1996年から3年間、アスキー特派員として米国シリコンバレーに住み、ベンチャー企業の取材を中心にパソコンとインターネット業界の最新情報をレポート。以降ジャーナリストとして日経BP社、アスキー、ITmediaなどで幅広く執筆。テレビや雑誌への出演も多数。最近はロボット関連の最新動向を追った書籍を執筆し、ロボット関連ITライターとして活躍中。主な著書に『図解入門 最新人工知能がよ～くわかる本』（秀和システム）、『Pepperの衝撃！』（日経BP）

サイエンス・アイ新書 発刊のことば

science·i

「科学の世紀」の羅針盤

20世紀に生まれた広域ネットワークとコンピュータサイエンスによって、科学技術は目を見張るほど発展し、高度情報化社会が訪れました。いまや科学は私たちの暮らしに身近なものとなり、それなくしては成り立たないほど強い影響力を持っているといえるでしょう。

『サイエンス・アイ新書』は、この「科学の世紀」と呼ぶにふさわしい21世紀の羅針盤を目指して創刊しました。情報通信と科学分野における革新的な発明や発見を誰にでも理解できるように、基本の原理や仕組みのところから図解を交えてわかりやすく解説します。科学技術に関心のある高校生や大学生、社会人にとって、サイエンス・アイ新書は科学的な視点で物事をとらえる機会になるだけでなく、論理的な思考法を学ぶ機会にもなることでしょう。もちろん、宇宙の歴史から生物の遺伝子の働きまで、複雑な自然科学の謎も単純な法則で明快に理解できるようになります。

一般教養を高めることはもちろん、科学の世界へ飛び立つためのガイドとしてサイエンス・アイ新書シリーズを役立てていただければ、それに勝る喜びはありません。21世紀を賢く生きるための科学の力をサイエンス・アイ新書で培っていただけると信じています。

2006年10月

※サイエンス・アイ（Science i）は、21世紀の科学を支える情報（Information）、知識（Intelligence）、革新（Innovation）を表現する「 i 」からネーミングされています。

SB Creative

science·i

サイエンス·アイ新書

SIS-374

http://sciencei.sbcr.jp/

ロボット解体新書（かいたいしんしょ）

ゼロからわかる
AI（エーアイ）時代（じだい）のロボットのしくみと活用（かつよう）

2017年2月25日　初版第1刷発行

編 著 者　神崎洋治（こうざきようじ）
発 行 者　小川 淳
発 行 所　SBクリエイティブ株式会社
〒106-0032　東京都港区六本木2-4-5
電話：03(5549)1201（営業部）
装　　丁　渡辺縁
イラスト　那須弘道、編集マッハ
組　　版　株式会社エストール
印刷·製本　株式会社シナノ パブリッシング プレス

ISBN 978-4-7973-8936-4

SB Creative